U0801058

校订本

戊

事物掌故丛谈

居住交通

杨荫深 编著

上海辞书出版社

引言

居住交通与衣服饮食，同为吾人日常生活之最关切要者。居住如宫室，交通如舟车，在昔上下异制，中外不一。正史中如《礼志·舆服志》之类，所载关于那两方面的事，至繁且夥。然今昔不同，旧制多已不适用于现在，而现在的居住交通事业，日新月异，更不能与旧制相提而并论。不过本书以日常事物为主旨，以专谈掌故为目的，所以事物虽取于现今，而所说却不能不牵涉于前代。寻本溯源，所以明其由来的究竟，虽古今多有不合，要亦可知其变革的地方。至于现今新兴事业，亦约略谈及，惟只能详其起始，不复叙及现况，这因为掌故只能注意于过去，自不必再谈现今的情状。何况此类书籍，坊间所出版的已多，也无庸我们再复述了。

最后，著者虽爱谈掌故，然平素对于这两方面，殊少涉猎，匆促间搜集这些资料，弥觉艰苦。必定还有许多好的资料，为耳目所未及，尤是关于新创方面，简略殊甚。蒙倘读者指教，以便改正，不胜企感！

杨荫深　一九四五年十二月十五日

目录 CONTENTS

一 宅舍

Residence

小窗听雨

普通民间所住的房屋，称为住宅或住舍。按：宅舍者，《说文》云："宅所托也，市居曰舍。"则宅为总称，舍专指市居。至其用意，《释名》以为："宅，择也，择吉处而营之也。舍于中舍息也。"又或称"第"，据晋周处《风土记》云："宅亦曰第，言有甲乙之次第也；一曰出不由里门面大道者名曰第。"《魏王奏事》又云："爵虽列侯，食邑不满万户，不得作第；其舍在里中，皆不称第。"则第较宅为上级，非一般住宅所可通称的。所以《汉书·高帝纪》有"为列侯者赐大第"，司马相如《喻巴蜀檄》有"位为通侯，居列东第"，非身居高官的，其宅不得称第，可是现在当然无此分别，称宅称第都可以了。

此外又有称为"庐"的。按：《说文》："庐，寄也，秋冬去，春夏居。"《诗》："中田有庐。"笺云："中田，田中也，农人作庐焉，以便田事。"则庐实为一种临时住所，称住宅实不相宜。然后世亦作为屋舍解释，所以《玉篇》即解"屋舍"，《集韵》以为"粗屋总名"，到了现在，虽非粗屋，也有称为庐的。此外又有称"别墅"或"别

宅舍

《说文》云："宅所托也，市居曰舍。"则宅为总称，舍专指市居。

业”的，那原是于正宅之外，别筑为游息之所，晋宋时已有此风，如《晋书·谢安传》云：“与幼度围棋赌别墅。”《宋书·谢灵运传》云：“移籍会稽，修营别业。”惟如现今上海多称住宅为“公馆”，则与古时公馆实不相称。按：《礼·曾子问》云：“公馆复，私馆不复。”注：“公馆若今县官舍也。”疏：“谓公家所造之馆，及公之所使为命停舍之处。”盖馆本为客舍之意，犹今的旅馆，公则为公家所造而已，决非私人的住宅可言。其私人的住宅，按：《礼》应称为私馆，现在竟称为公馆，可谓适得其反了。

依照中国古时的传说，始制房屋的是有巢氏，如《韩非子·五蠹篇》云：

上古之世，人民少而禽兽众，人民不胜禽兽虫蛇，有圣人作，构木为巢，以避群害，而民悦之，使王天下，号曰有巢氏。

这有巢氏当然是后世想象中的一个帝王，有无是不得而知的。既称“构木为巢”，可知建筑还很简单，正像现在鸟巢一样。又据宋罗泌《路史》所载，那有巢氏还有两个：

有巢氏，太古之民，穴居而野处，搏生而咀华，与物相友，人无妡物之心，而物亦无伤人之意。逮乎后世，人氓机智，而物始为敌。爪牙角毒不足以胜禽兽，有圣者作楼木而巢，教之巢居以避之，号大巢氏。

但据宋刘恕《通鉴前编》云："伏羲命大庭为居龙氏，治屋庐。"似有巢氏之后，又有大庭改革而为屋庐。然此种传说，总是年代渺远，难以使人置信，倒不如《易·系辞》所云"上古穴居而野处，后世圣人易之以宫室，上栋下宇，以待风雨"较为妥当一些，因为这个初创造者，我们的确只能混称之为圣人，而不能指定那圣人究是谁氏的。

一间住宅，其东南西北四角与中央，在古时都有名称，如《尔雅》云："宫谓之室，室谓之宫。西南隅谓之奥，西北隅谓之屋漏，东北隅谓之宧，东南隅谓之窔。"据《释名》的解释是这样的：

宫，穹也，屋见于垣上穹隆然也。室，实也，人物实满其中也。室中西南隅曰奥，不见户明所在秘奥也。西北隅曰屋漏，礼每有亲死者，辄撤屋之西北隅薪，以爨灶煮沐，供诸丧用，时若值雨则漏，遂以名之也。必取是隅者，礼既祭改设馔于西北隅，令撤毁之，示不复用也。东南隅曰窔，窔，幽也，亦取幽冥也。东北隅曰宧，宧，养也，东北阳气始出布养物也。中央曰中霤，古者寝穴，后室之，霤当今之栋下，直室之中，古者霤下之处也。

宅舍

一间住宅，其东南西北四角与中央，在古时都有名称，如《尔雅》云："宫谓之室，室谓之宫。西南隅谓之奥，西北隅谓之屋漏，东北隅谓之宧，东南隅谓之窔。"

按：古时宫室不分尊卑，宋邢昺撰《尔雅疏》云："古者贵贱所居，皆得称宫，至秦汉以来，乃定为至尊所居之称。"盖宫乃外视之形，室则从内部而说也。

自古以来，住宅的富丽或简陋，当然不用说，这里只说其特制而罕闻的，如《魏略》所云：

焦先字孝然，自作一瓜牛庐，净扫其中，营木为床，布草蓐其上。至天寒时，构火以自炙，呻吟独语。其后野火烧其庐，先因露寝，遭冬雪大至，先袒卧不移，人莫能审其意。

这瓜牛庐据裴松之案，以为"瓜当作蜗，蜗牛，螺虫之有角者也。先作圜舍，形如蜗牛蔽，故谓之蜗牛庐"。这种圜形的房子，在现代倒还未见的。今人虽亦有题其居为"蜗庐"者，但只是题称，实际却并不像蜗牛的。此外如元陆友仁《研北杂志》云："毕少董命所居之室曰死轩，凡所服皆用上古圹中之物。"这种以生居比死圹，也是想入非非的。

二 堂室

Hall and Rooms

普通第宅之中，分正中一间为堂，堂后或两旁则为室。《释名》所谓："堂犹堂堂，高显貌也。"又云："古者为堂，自半以前虚之谓堂，自半以后实之谓室。堂者当也，谓当正向阳之屋。"《说文》又以为"堂，殿也"，盖堂实如宫中的殿，自宫专属于至尊所居的名称以后，殿也升格而非普通第宅中所应有了，惟寺观中则仍有殿名。

堂也有称为厅的，按：厅原为官署听事之所，字本作聽，后加广作廳。而官署的厅，原也称堂，因此厅堂时相连称。如宋释文莹《湘山野录》云：

淳化甲午，李顺乱蜀，张乖崖镇之。伪蜀僭侈，其宫室规模，皆王建孟知祥乘其弊而为之。公至则尽损之，如列郡之式。郡有西楼，楼前有堂，堂之屏乃黄筌画双鹤花竹怪石，众名曰双鹤厅。南壁有黄氏画湖滩山水双鹭。二画妙格，冠于两川。贼锋既平，公自坏壁，尽置其画为一堂，因名曰画厅。

这就是以堂为厅的明证，可知厅与堂一而二，又二而一的。

厅堂普通就如《释名》所云是虚空着的，但古时亦作为讲学之处，不过别称为讲堂，从前学校称为学堂，也就是讲堂改变而来的。

堂本来是宅中的一间，但后来因堂的著名，便称全宅都为堂了，如宋叶梦得《避暑录话》云：

欧阳文忠公在扬州作平山堂，壮丽为淮南第一。堂据蜀冈，下临江南数百里，真、润、金陵三州，隐隐若可见。公每暑时，辄凌晨携客往游，遣人走邵伯取荷花千余朵，以画盆分插百许盆，与客相间。遇酒行，即遣妓取一花传客，以次摘其叶，尽处则饮酒。往往侵夜，载月而归。

此平山堂本是宅中一堂名，现在却代表一宅了。

古来的堂名，大约不外取义与取景两种，取义如宋韩琦所作的昼锦堂，即取富贵归故乡，如衣锦昼行之意。又如宋王旦所作的三槐堂，即取堂前植有三槐的原故。此外如欧阳修的非非堂，刘羲仲的是是堂，均取《荀子》所谓"是是非非谓之智者"之意，都是看似奇特，而含义却深。惟也有例外的，如宋萧太山的堂堂堂。据《稗史》云：

江西古喻萧太山，好奇之士也，名其堂曰堂堂，亭曰亭亭。陈持节某提举江西日，萧延饮，遍历亭馆，次观其扁，至洞，公因戏之曰：『此何不名曰洞洞洞。』萧为不怿。

是种堂名，可谓想入非非者了，古今殆无第二个可以找的。

又古时总称堂室亦谓之寝，所以《广雅》云：“寝，堂室也。”如《周礼·天官》：“宫人掌王之六寝之修。”注云：“六寝者，路寝一，小寝五。《玉藻》曰：朝辨色始入，君日出而视朝，退适路寝听政，使人视大夫。丈夫退，然后适小寝释服。是路寝以治事，小寝以时燕息焉。”按：路之为义大也，大寝就如后世的堂，亦谓之正寝，小寝就如后世的室，亦谓之内寝。清黄以周《礼书通故》，曾考定古之寝制甚备，大略说古寝犹今五架五间之厅，中三间前后分隔为二，前为堂，后为室。两边间前后分隔为三，前为东堂西堂，其后为夹（犹今称弄），又其后为房。东房北向无墙，亦谓之北堂。又古时如《礼记·内则》所说：“男子居外，女了居内。”后世称妻为内人，即本于此。又以内为室，亦称室人。所以今时丧家讣文，犹称男为寿终正寝，女为寿终内寝，正是古时男居外女居内之意，正寝指堂，内寝指室。其实在现今早无此种分别,也足见中国人喜咬文嚼字的地方。

又古时宫殿中往往有温室凉室之设,温室诚如《三辅黄图》所说:“温室在未央宫殿北,武帝建,冬处之温煖也。”大约到汉武帝时才有的,这室里究竟用什么方法来取温暖呢?据《西京杂记》云:“温室以椒涂壁,被之文绣,香桂为柱,设火齐屏风,鸿羽帐,规地以罽宾氍毹。”但这些只是装饰上觉得暖和一些,实际上都不如现今用蒸气来得温暖了。凉室也见于汉时,但不知用何方法以取凉,现今则有冷气,也非古人所能想象得到的。

此外现在称室的华丽,往往形容为“金迷纸醉”,这倒是古所已然。宋陶穀《清异录》云:“痈医孟斧治宅,法度奇雅。有一小室,窗牖焕明,器皆金纸,光莹四射,金彩夺目。所亲见之,归语人曰:此室暂憩,令人金迷纸醉。”然则据此说来,其实并非是说室的华丽,只是形容器物的过分光彩而已。

三 斋轩

居住交通

Studies

于厅堂之旁，另辟小室，以为读书养心之居通常就叫做斋。斋的意义，正如《说文》所云：“斋，洁也。又谓夫闲居，平心以养心，虑若于此，而斋戒也，故曰斋。”的确斋是含有斋戒之意的，所以它的名称，总不外乎关于修养方面，如王安石所作的《君子斋记》，杨时所作的《求仁斋记》，朱熹的《克斋记》，陆九渊的《敬斋记》。这种君子、求仁、克、敬等等，都是使人知所警惕，像斋戒的一样。

斋通常又多为读书的地方，故古时书室往往亦称为书斋。何以书室亦得称斋呢？明人《识馀纂》里有一篇很好的说明，他说：

书室多名曰斋，何也？子舆氏之言曰：孳孳为善者舜之徒，孳孳为利者蹠之徒。然人鸡鸣而起，出门惘惘，富贵之子必思长保富贵，贫贱之夫必求幸免贫贱，又饥寒之患迫于肌肤，妻子之计交于家室，其所之者，不于朝则于市，势不得不去善而趋利。果有半亩之宫，环堵之室，花竹扶疏，笔墨济楚，兀坐其中，自不觉心地俱净。其人不必有格致诚正之功，不必有修齐治平之业，且不必有师傅，不必有友授，自能不入于利之一途。利与善间不容发，不入于利即入于善矣。是何也？为善止一心，而为利之心有什百千万，且至不可穷诘。举什百千万之利心，而消归何有，非置身斋中不能也。《中庸》朱注云：『斋之为言齐也，所以齐不齐而致其斋也。』即以注斋明之斋者，而注斋舍之斋，亦无不可。

这不但解释书斋，一切的斋的意义，都被他说尽了。

斋虽在《说文》里已有斋舍的说明，但汉人对于这种读书养心的书室，似还不多称斋，至晋以后，斋称始多。如《晋书·桓冲传》云："冲子嗣，字恭祖。少有清誉，……为江州刺史，莅事简约，修所住斋。"又同书《刘毅传》云："初桓玄于南州起斋，悉画盘龙于其上，号为盘龙斋。"

但斋的初意虽为养心读书，到后来也未见得都是作为如此场所的，如《南史·羊侃传》云：

侃性豪侈，初起衡州，于两艖艄起三间通梁水斋，饰以珠玉，加之锦缋，盛设帷屏，列女乐，乘潮解缆，临波置酒，缘塘傍水，观者填咽。

这虽说是船上的水斋，但陈列女乐，终失斋的原意罢！真正的斋居生活，的确要像宋叶梦得《避暑录话》所载：

赵清献公自钱塘告老归，……治第衢州，临大溪。其旁不远数步，亦有山麓屹然而起，即作别馆，其上亦名高斋。既归，惟居此馆，不复与家人相接，但子弟晨昏时至，以二净人一老兵为役。早不茹荤，以一净人治膳于外。老兵供扫除之役，事已即去，唯一净人执事其旁。暮以一风炉置大铁汤瓶，可贮斗水，及列盥漱之具亦去。公燕坐至初夜就寝。鸡鸣，净人治佛室香火，三击磬，公乃起，自以瓶水颒面，趋佛堂。暮冬尚能日礼百拜，诵经至辰时。

那才是名符其实的，可是能做到这样的一定很少，大家称室称斋，无非取其高雅而已。

与斋同样而不如斋含有严肃意味的，则为轩。轩斋其实都是燕休之所，所以欧阳修作《东斋记》说：“官署之东，有阁以燕休，名曰东斋。”苏辙作《东轩记》说：“辟听事堂之东为轩，以为宴休之所。”则斋轩实不可分，其可分者斋的名称总是较严肃的，而轩则不然。如苏辙作过《待月轩记》，黄庭坚有《题也足轩》，杨万里有《此君轩赋》，也足、此君，都指的是竹，盖其轩旁均种以竹，故以名轩。可知轩名甚少含意，大多按景而生。

考轩原为车的前檐，故其字从车。后则屋檐下亦谓之轩，明张自烈《正字通》所谓：“檐宇之末曰轩，取车象也。殿堂前檐特起，曲椽无中梁者，亦曰轩。”所以轩实为一种廊屋。最初只有“临轩”之语，如《汉书·史丹传》云：“元帝留好音乐，自临轩槛上，隤铜丸以擿鼓。”此轩槛实为栏杆，并非是室。至唐时始渐以室名轩，如柳宗元有《西轩记》，戴叔伦有《南轩诗》。宋以后则渐盛行，但较之于斋，似还略逊一筹的。

四 楼阁

Buildings and Pavillions

楼阁 《尔雅》云："陕而修曲曰楼。"疏以为："凡台上有屋陕长而屈曲者曰楼。"所以《说文》解作"楼，重屋也。"

楼,《尔雅》云:“陕而修曲曰楼。”疏以为:“凡台上有屋陕长而屈曲者曰楼。”所以《说文》解作:“楼,重屋也。”但何以称重屋为楼,则《释名》以为:“楼谓牖户之间有射孔,楼楼然也。”

楼在最初一定不会有的,愈后则愈有高楼,《春秋纬》说:“黄帝坐于扈楼,凤皇衔书致帝前,其中得五始之文。”这当然不足置信。《吴越春秋》说:“范蠡乃观天文,拟法于紫宫,筑作小城,西北立龙飞翼之楼,以象天门。”大约那时才有楼了。

中国旧时的楼普通只有一重,二三重的便很少见,但也未始没有,如《金陵地记》载:“吴嘉禾元年,于桂林苑落星山起三重楼,名曰落星楼。”又宋刘义庆《幽明录》云:“邺城凤阳门五层楼,去地二十丈,长四十丈,广二十丈,安金凤凰二头于上。”又宋孟元老《东京梦华录》云:“白矾楼后改为丰乐楼,宣和间更修,三层相高,五楼相向,各有飞桥栏槛。”这固然是王者所建,所以能高至三层五层,但民间也有三层楼的,如《梁书·陶弘景传》云：

永元初更筑三层楼，弘景处其上，弟子居其中，宾客至其下，与物遂绝，唯一家僮得侍其旁。

不过这因为陶弘景是一个信道的人，所以特别高居如此。《汉书·郊祀志》所谓"仙人好楼居"，陶氏的用意正在于此罢！至于历代著名的楼，则隋炀帝有迷楼，今小说有《迷楼记》，即记其事，略云：

项昇能构宫室，经岁而成，千门万牖，工巧之极，自古无有。人误入者，虽终日不能出。炀帝幸之，大喜，顾左右曰：『使真仙游其中，亦当自迷也，可目之曰迷楼。』

可是究竟如何工巧得迷人，记未详载，不得而知。其次以绮丽著称者则有燕子楼，据《全唐诗话》云：

白乐天有《和燕子楼》诗，其序云：徐州张尚书有爱妓盼盼，善歌舞，雅多风态。为校书郎时，游淮泗间，张尚书宴予，酒酣，出盼盼以佐欢。予因赠诗，落句云：『醉娇胜不得，风袅牡丹花。』一欢而去，尔后绝不复知，兹一纪矣。昨日司勋员外郎张仲素绘之访余，因吟诗，有《燕子楼》诗三首，辞甚婉丽。诘其由，乃盼盼所作也。绘之从事武宁军累年，颇知盼盼始末，云：『张尚书既殁彭城有张氏旧第，中有小楼名燕子。盼盼念旧爱而不嫁，居是楼十余年，于今尚在。』盼盼诗云：『楼上残灯伴晓霜，独眠人起合欢床。相思一夜情多少，地角天涯不是长。』又云：『北邙松柏锁愁烟，燕子楼人思悄然。自埋剑履歌尘散，红袖香销一十年。』又云：『适看鸿雁岳阳回，又睹玄禽逼社来。瑶瑟玉箫无意绪，任从蛛网任从灰。』余尝爱其新作，乃和之云：『满窗明月满帘霜，被冷灯残拂卧床。燕子楼中寒月夜，秋来只为一人长。』又云：『钿带罗衫色似烟，几回欲起即潸然。自从不舞《霓裳曲》，叠在空箱十二年。』又云：『今春有客洛阳回，曾到尚书墓上来。见说白杨堪作柱，争教红粉不成灰？』又赠之绝句云：『黄金不惜买蛾眉，拣得如花四五枝。歌舞教成心力尽，一朝身去不相随。』后仲素以余诗示盼盼，乃反覆读之，泣曰：『自公薨背，妾非不能

楼阁

中国旧时的楼普通只有一重，二三重的便很少见，但也未始没有，如《金陵地记》载："吴嘉禾元年，于桂林苑落星山起三重楼，名曰落星楼。"

死，恐百载之后，以我公重色，有从死之妾，是玷我公清范也，所以偷生耳。』乃和白公诗云：『自守空楼敛恨眉，形同春后牡丹枝。舍人不会人深意，讶道泉台不去随。』盼盼得诗后，怏怏旬日，不食而卒。

按：张尚书即张建封。燕子楼虽小，却因盼盼而羡传于世了。

与楼相似的还有阁，阁虽未必有楼，但有楼居多，所以楼阁常常并称。按：阁原为阁板之意，如《礼记·内则》云："大夫七十而有阁。"注："有秩膳也；阁，以板为之，庋食物也。"今以阁为楼阁，乃以阁板为搁板了。

阁据《春秋纬》亦云："黄帝坐于扈阁，凤皇衔书致帝前，得五始之文。"同样是不可信的。《吴地记》说："吴王于宫中作馆娃阁，铜沟玉槛，其楹槛皆以珠玉饰之。"这或谓有阁之始。但此恐为传说而已，当时是否真有其阁，实一疑问。按：阁的由来，诚如明人《识馀纂》所云：

人家居室，自门而庭，自堂而室，基址必取宽整，考工自有制度，大略如此。或在宅中隙地，必为之艺花莳竹，垒石疏沼。又于隙地之据胜者，则构重阁，以为宾朋游息之所，樊川赋所云『五步一楼，十步一阁』者此也。有角落之义，故名曰阁。又人家居止，门户为出入往来之路，堂为宾客会集之所。又有正室，有燕室，饮食作息，于是乎在。其有服物器皿，非日用所需；或重器奇玩，恐招慢藏诲盗之讥，则必于曲房邃室中，构小阁架重屋以处之。或什袭，或封缄，非时非地，不出示人，是阁又有庋置之义也。

的确，阁的本来是庋物用的，后来改为室名，于是其用处也无非为庋藏什物，所以古来藏书之处，多称为阁，原有那种用意存乎其间的，如《三辅黄图》云：“石渠阁，萧何造，其下砻石为渠以导水，若今御沟，因为阁名。所藏入关所得秦之图籍。至于成帝，又于此藏秘书焉。”又云：“天禄阁，藏典籍之所。”此种阁皆有楼，所以《汉书·扬雄传》云：“雄校书天禄阁，使者来欲收雄，雄恐不能自免，乃从阁上自投下，几死。”否则如无楼的话，雄何必从上投下呢？其后阁则未必专为庋藏之所，而一变与殿相似，阁亦有长官，称之为阁臣，又尊之为阁老，明时阁老即为宰相，清时亦然。但据明张自烈《正字通》，此阁本作閤，后乃互称为阁。他列证诸家之说云：

毛晃曰：『唐制天子日御前殿见群臣，曰常参；朔望荐食陵寝，有思慕之感，不临前殿，则御便殿见群臣，谓之入閤。前殿即宣政殿，便殿即紫宸殿。立仗必于前殿，唤仗则自东西閤入，故曰入閤。又门下省以黄涂门。

谓之黄閤，长官曰閤老。今俗通呼小室曰閤子。』《韵会》引《公孙弘传》『开东閤延贤』，师古曰：『閤者小门，东向开之，避当庭门而引宾客，以别掾史官属。』明周圻《名义考》曰：『阁为庋阁之阁，《礼记·内则》『天子之阁』，汉天禄之阁，皆谓重屋也。閤为闺閤之閤，《文翁传》闺閤，公孙弘东閤，皆谓门也。《唐志》中书舍人以久次者一人为閤老，制本省杂事。今辅臣延登曰入阁，称谓曰阁老，名虽同而义则异。』此古今诸家分閤与阁为二者也。

盖閤据《说文》为“門旁户”，犹今称边门。大臣入宫内办事，称为入閤，后则宫内确有其阁，而亦入閤办事，于是入閤就无异入阁，阁之范围也就广了，小门也就变为小室。所以闺閤本是小门，如《汉书·文翁传》云“教令出入闺閤”，师古注云：“闺閤，内中小门也。”闺亦为门，《说文》所谓“特立之户，上圜下方有似圭”，盖似圭形的小门。《玉篇》即解为“宫中门小者为闺”。后世遂称内室为闺閤，而閤亦改为阁，且专指女人所居之处。其实古时何尝专指为女人的住处呢？此在唐时犹然，如杜甫《赠李白诗》云：“李侯金闺彦，脱身事幽讨。”此金闺正指宫内，哪里是女子的闺房？宋以后大约就专属于女子方面了，所以现在称闺就与女人有关，若指为男子，人皆以为笑谈的。

说起宫中建阁，在宋以前实并不多，宋则穷极奢侈，建阁竟多至三十余处，如洪迈《容斋三笔》云：

自汉以来，宫室土木之盛，如汉武之甘泉建章，陈后主之临春结绮，隋炀帝之洛阳江都，唐明皇之华清连昌，已载史策，固以崇侈劳费为戒，然未有若政和蔡京所为也。京既固位窃国政，招大珰童贯、杨戬、贾详、蓝从熙、何䜣五人分任其事，于是始作延福宫，有穆清、成平、会宁、睿谟、凝和、昆玉、群玉七殿，东边有蕙馥、报琼、蟠桃、春锦、叠琼、芬芳、丽玉、寒香、拂云、偃盖、翠葆、铅英、云锦、兰薰、摘金十五阁，西边有繁英、雪香、披芳、铅华、琼华、文绮、绛萼、秾华、绿绮、瑶碧、清音、秋香、丛玉、扶玉、绛云亦十五阁。又叠石为山建明春阁，其高十一丈，宴春阁广十二丈。凿圆池为海，横四百尺，纵二百六十七尺，鹤庄、鹿砦、孔翠诸栅，蹄尾以数千计。五人者，各自为制度，不相沿袭，争以华靡相夸胜。徽宗初亦喜之，已而悟其过，有厌恶语，由是力役稍息。

至于这些阁里，究竟藏些什么，据《延福宫曲宴记》云：“阁中各陈之物，左右上下，皆琉璃也，映彻焜煌，心目俱夺。”总是关于珍宝一类的贵物罢！

宋时不但宫中建阁如此的多，而臣下也纷纷建阁，且由帝王为之题额，如宋王明清《挥麈后录》所云：

御书阁名，王文公曰文谟丕承，蔡元长曰君臣庆会，元度曰元儒亨会，吴敦老曰勋贤，梁才父曰耆英，刘德初曰儒贤亨会，杨正父曰安民定功，翊运兴德，史直翁曰清忠亮直，秦会之曰精忠全德，郑达天曰勋贤承训，何伯通曰嘉会成功，蔡攸曰济美象贤，余源仲曰贤弼亮功，邓子常曰世济忠嘉，王黼曰得贤治定，蔡持正曰褒忠显功，其他尚多，未能尽纪。

可知稍有地位的大臣,即在府邸中建阁了。

此外今人书札尊称朋友为阁下。按:阁下本来也应作閤下。唐赵璘《因话录》云:“古者三公开閤,郡守比古之侯伯,亦有閤,故世俗书题有閤下之称。”本是卑者达尊者,不敢直斥其名,故云閤下,今则滥用于平辈,于尊者倒不可用了。

五 台亭

Terraces and Pavillions

台,《尔雅》所谓“四方而高曰台”,《释名》以为:“台持也,言筑土坚高能自胜持也。”按:古天子有三台,《五经异义》云:“天子有三台,灵台以观天文,时台以观四时施化,囿台以观鸟兽鱼鳖。诸侯卑,不得观天文,无灵台,但有时台囿台也。”则台正如现在天文台或博物院。至于灵台之制,据《五经通义》云:“积土崇增,其高九仞,上平无屋。高九仞者,极阳之数;上平无屋,望气显著。”然其他的台,上面未尝无屋,正与楼阁相似,惟其基地则较楼阁为崇高而已,所谓“积土崇增,其高九仞”,即指台基而言。

大约最初的台就为观察天文而设,故愈高愈好,后世则以台为屋,这台就不专为观察天文的用处了,然因其高,还称为台的。如《史记·夏本纪》说“桀囚汤于夏台”,既可囚汤,是其台已如楼阁。又《殷本纪》云:“纣厚赋税以实鹿台之钱。”亦与后世的宫殿无异,所以《新序》说:“桀作瑶台,罢民力,殚民财,为酒池糟堤,纵靡靡之乐,一鼓而牛饮者三千人。纣为鹿台,七年而成,其大三里，高千尺，临望云雨。”这都是有屋的高台了。

这种高台，在春秋战国时候，诸侯最喜起筑，互相夸誉，史籍所载，屡见不鲜，因此有想高起至半天的，如《新序》所载：

魏王将起中天台，令曰：『敢谏者死。』许绾负蘽操锸入曰：『闻大王将起中天台，臣愿加一力。』王曰：『子何力有加？』绾曰：『虽无力，能商台。』王曰：『若何？』曰：『臣闻天与地相去万五千里，今王因而半之，当起七千五百里之台。高既如是，其趾须方八千里，尽王之地，不足以为台趾。古者尧舜建诸侯，地方五千里。王必起此台，先以兵伐诸侯，尽有其地犹不足，又伐四夷，得方八千里，乃足以为台趾。材木之积，人徒之众，仓廪之储，数以万亿度。八千里之外，当尽农亩之地，足以奉给王之台者。台具以备，乃可以作。』魏王默然，无以应，乃罢起台。

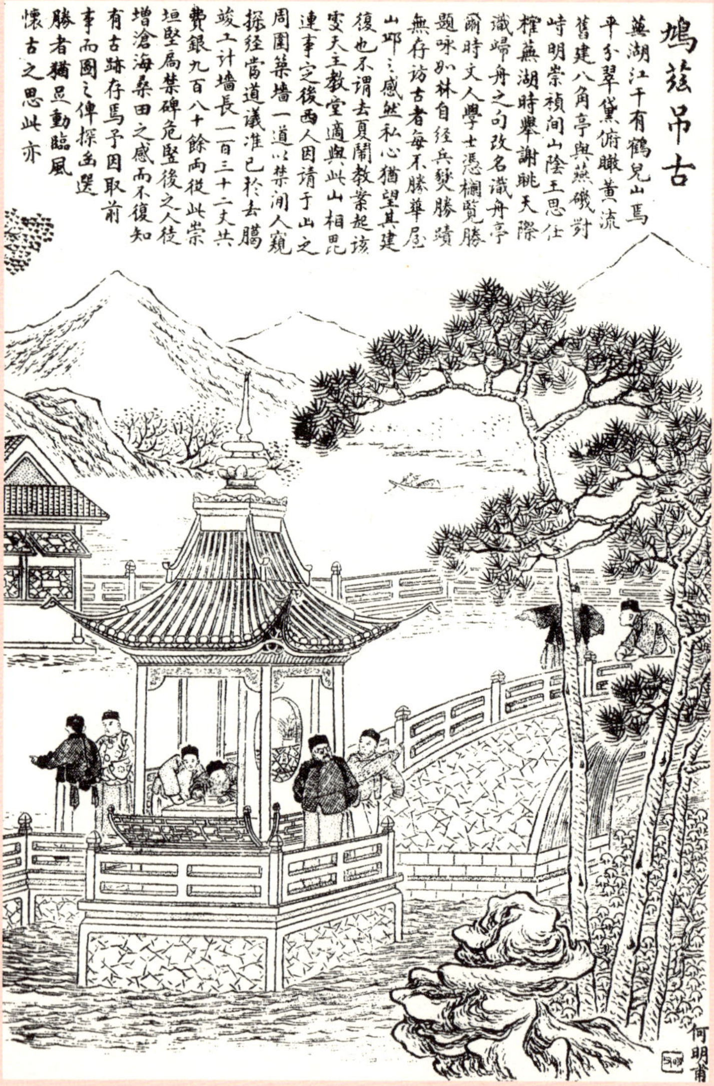

亭

亭,《释名》以为:“停也,道路所舍,人所停集也。”盖人至其处,以为停息,故谓之亭。

真是荒乎其大唐，台竟筑得这样的高。但这当然也是一时风气所致，到汉以后便没有那样的盛了。现在建台的，除天文台和戏台外，因为有楼的关系，再不称为台了。

台以高大为尚，而亭则以小巧取胜。按：亭，《释名》以为："停也，道路所舍，人所停集也。"盖人至其处，以为停息，故谓之亭。上古无亭之设，至秦汉时始以十里为一亭，十亭为一乡。汉高祖为泗水亭长，犹今的保甲长。又置亭以为邮驿之所，《汉书·平帝本纪》注所谓："邮亭行书之舍，即今驿递。"《风俗通》所谓："亭，留也，行旅宿会之所馆也。"那颇与现在旅馆或客栈相似，而与现在所称的亭，完全是不同的。

像现在随便在山林间庭园中筑一个小亭，以为游宴之所，那恐怕在六朝时候才有的，著名的如建康（今南京）的新亭，据《江宁府志》云：

像现在随便在山林间庭园中筑一个小亭，以为游宴之所，那恐怕在六朝时候才有的。

新亭在府城西南十五里，近江渚，一曰中兴亭。《丹阳记》曰：『京师三亭，新亭吴旧立，先基既坏，隆安中丹阳尹司马恢徙创今地。』《世说》：『过江诸人，每至美日，辄相邀新亭，藉卉饮宴。周侯中座而叹曰：风景不殊，正自有山河之异！皆相视流涕。丞相导曰：当共戮力王室，克复神州，何至作楚囚相对！』孝武宁康元年，桓温来朝，顿兵新亭，召王坦之谢安。安发其壁后置人，温为却兵，笑语移日。

其次便为王羲之兰亭之叙，皆以亭而作宴会欢游之所，而不如古昔视作邮亭了。因此这种小亭，题名必须雅切，如宋洪迈《容斋四笔》所云：

立亭榭名，最易蹈袭，既不可近俗，而务为奇涩亦非是。东坡见一客云近看《晋书》，问之曰：『曾寻得好亭子名否？』盖谓其难也。秦楚材在宣城，于城外并江作亭，目之曰『知有』。用杜诗『已知出郭少尘事，更有澄江消客愁』之句也。王仲衡在会稽，于后山作亭，目之曰『白凉』。亦用杜诗『越女天下白，鉴湖五月凉』之句。二者可谓甚新，然要为未当。庐山一寺中有亭颇幽胜，或标之曰『不更归』，取韩诗末句，亦可笑也。

按：东坡见一客之事，又见宋何薳《春渚纪闻》，客为唐子西，据云："东坡先生赴定武时，过京师，馆于城外一园子中。余时年十八谒之，问近观甚书，对以方读《晋书》。猝问其中有甚亭子名，予茫然失对，始悟前辈观书，用意如此。"又宋王楙《野客丛书》亦云："东坡见人读《晋书》，问其间得几亭名。范石湖亦尝与立之伯父言，凡亭馆名须于前代文籍中取，本朝文籍要未为古，似不宜取。以温公学术，而园曰独乐，堂曰读书，初未尝跨耀。今人率求美名以饰其处，不顾己之所安。"

自古以来，文人记咏亭的文字，真是不胜枚举，这里自无待于详述。惟宋欧阳修有篇《醉翁亭记》，大家以其全篇每句都用也字，最为后人所称颂，因此且有人为之效颦，如宋徐度《却扫编》云：

欧阳文忠公始自河北都转运谪守滁州，于琅琊山间作亭，名曰醉翁，自为之记。其后王诏守滁，请东坡大书此记而刻之，流布世间，殆家有之，亭名遂闻于天下。政和中，唐少宰恪守滁，亦作亭山间，名曰同醉，自作记，且大书之，立石亭上，意以配前人云。

六 园囿

Gardens

园本来只为植果木的场所,《说文》所谓“所以树果也”。别有圃,则为种菜蔬的场所,《说文》所谓“种菜曰圃”。又有囿,乃是畜养禽兽,《说文》所谓“禽兽曰囿”。是古时均有分别。囿至汉又称为苑,此苑与园音实相近,今之花园公园,实与古的囿苑相似,因为不仅植果种花,而且还有禽兽畜养,以供人游赏的。

以苑为园,大约始于汉时,因汉时帝王有囿苑,如武帝起上林苑,则民间似也不能并称为苑,于是始改称为园罢!如《西京杂记》所载茂陵袁氏园云:

茂陵富人袁广汉,藏镪巨万,家僮八九百人。于北邙山下筑园,东西四里,南北五里。激流水注其内,构石为山,高十余丈,连延数里。养白鹦鹉、紫鸳鸯、牦牛、青兕,奇兽怪禽,委积其间。积沙为洲屿,激水为波潮。其中致江鸥海鹤,孕雏产彀,延漫林池。奇树异草,靡不具植。屋皆徘徊连属,重阁修廊,行之移晷,不能遍也。广汉后有罪诛,没入为官园,鸟兽草木,皆移植上林苑中。

此园诚如后世的花园，鸟兽草木都有的。其后代有名园记不胜记，惟据宋周密《癸辛杂识》云：

前世叠石为山，未见显著者，至宣和艮岳，始兴大役，连舻辇致，不遗余力。其大峰特秀者，不特侯封，或赐金带，且各图为谱。然工人特出于吴兴，谓之山匠，或亦朱勔之遗风。盖吴兴北连洞庭，多产花石；而弁山所出，类亦奇秀，故四方之为山者，皆于此中取之。浙右假山最大者，莫如卫清叔。吴中之园，一山连亘二十亩，位置四十余亭，其大可知矣。然余平生所见秀拔有趣者，皆莫如俞子清侍郎家为奇绝。盖子清胸中自有丘壑，又善画，故能出心匠之巧。峰之大小凡百余，高者至二三丈，皆不事饾饤，而犀珠玉树，森列旁午，俨如群玉之圃奇奇怪怪，不可名状。大率如昌黎《南山诗》中，特未知视牛奇章为何如耳。乃于众峰之间，萦以曲涧，甃以五色小石。旁引清流，激石高下，使之有声淙淙然下注大石。潭上荫巨竹寿藤，苍寒茂密，不见天日。旁植名药奇草，薜荔女萝菟丝，花红叶碧。潭旁横石作杠，下为石渠，潭水溢自出此焉。潭中多文龟斑鱼，夜月下照，光景零乱，如穷山绝谷间也。

则宋时假山之筑，最为讲究。按：假山汉时已有，如《三辅黄图》云："梁孝王筑兔园，园中有百灵山。"又如《后汉书·梁冀传》云："广开园囿，采土筑山，十里九坂，以象二崤。"这假山竟广至十里，是与真山无异了。周氏所说，实亦少见多怪。但如宋李格非《洛阳名园记》中所说，园圃之胜，不仅有假山，还须有湖水，方才可以称得十全十美。他说：

洛人云，园圃之胜，不能兼者六，务宏大者少幽邃，人力胜者少苍古，多水泉者艰眺望。兼此六者，惟湖园而已，在唐为裴晋公宅园。园中有湖，湖中有堂，曰百花洲，湖北之大堂曰四并堂。其四达而当东西之蹊者，桂堂也。截然出于湖之右者，迎晖亭也。过横池，披林莽，循曲径而后得者，梅台知止庵也。自竹径望之超然，登之脩然者，环翠亭也。渺渺重邃，擅花卉之盛，而前据池亭之胜者，翠樾轩也。若夫百花酣而白昼眩，青苹动而林阴合，水静而跳鱼鸣，木落而群峰出，虽四时不同，而景物皆好，则又不可殚记者也。

的确园的布置，须顾到六点，不但以花木台亭山水等等取胜而已。

又公园之制，古时亦有。最早如《孟子》所说："文王之囿，方七十里，刍荛者往焉，雉兔者往焉，与民同之。"这文王之囿，正可说现在公园的权舆。至公园之称，则《北史·任城王澄传》有："澄为定州刺史，表减公园之地，以给无业。"而私人园池，也有给公众游览的，如宋司马光的独乐园，虽名独乐，实是可以众乐的，《元城语录》云：

温公营独乐园，园丁吕直性愚，公以直名之。春时人游园，得茶汤钱十千，闭园日与主人分之。一日来纳公，公曰：『此汝钱，可持去。』再三欲留，公怒，遂持之，顾曰：『只端明不爱钱者。』后十许日，公见园中新创一井亭，问之，乃前不受十千所创也。

七 厨灶

Kitchen and Stove

一间住宅之中，厅堂轩斋尽可没有，而厨房或灶间却不可或省的。这因为厨灶乃是人们饮食制造的场所，人们一日不可无饮食，就一日不可无厨灶。虽然都市中房子的建筑是很经济，但也必有一个灶间。

灶在其初称为爨。按：爨字实象灶炊物的情形，《说文》所谓："爨，臼象持甑，冂为灶口，廾推林内火。"又《周礼·天官》："亨人职外内饔之爨亨煮。"注："爨今之灶，主于其灶煮物。"疏："《周礼·仪礼》皆言爨，《论语》王孙贾云宁媚于灶，《祭法》天子七祀之中亦言灶，自孔子以后皆言灶。"是灶在孔子以后方有是称，古皆称为爨的。

竈（"灶"的繁体字——编者注）今俗作灶字，此灶实为后起之字，古所未有。古亦作窖，盖灶诚如《释名》所云："灶造也，造创食物也。"下作告字，也许从造字变化而来的。

灶各部分都有名称，如《广雅》所云："灶唇谓之陉，其窗谓之突，突下谓之甄。"突即今所谓烟囱，用

厨灶 厨灶乃是人们饮食制造的场所，人们一日不可无饮食，就一日不可无厨灶。虽然都市中房子的建筑是很经济，但也必有一个灶间。

以出烟的地方。说起突，就有一个很通俗的故事，所谓“曲突徙薪”，以防火患，事本《汉书·霍光传》，据云：

初，霍氏奢侈，茂陵徐生上疏，言霍氏泰盛，陛下即爱厚之，宜以时抑制，无使至亡。书三上，辄报闻。其后霍氏诛灭，而告霍氏者皆封，人为徐生上书曰：『臣闻客有过主人者，见其灶直突，傍有积薪，客谓主人更为曲突，远徙其薪，不者且有火患。主人默然不应。俄而家果失火，邻里共救之，幸而得息。于是杀牛置酒，谢其邻人，灼烂者在于上行，余客各以功次坐，而不录言曲突者。人谓主人曰，卿使听客之言，不费牛酒，终亡火患。今论功而请宾，曲突徙薪亡恩泽，燋头烂额为上客邪？主人乃寤而请之。今茂陵徐福数上书言霍氏且有变，宜防绝之。乡使福说得行，则国亡裂土出爵之费，臣亡逆乱诛灭之败。往事既已，而福独不蒙其功，唯陛下察之。贵徙薪曲突之策，使居燋发灼烂之右。』上乃赐福帛十端，后以为郎。

厨灶 灶在其初称为爨。按：爨字实象灶炊物的情形，《说文》所谓："爨，臼象持甑，冂为灶口，廾推林内火。"

这原是一个比喻，但事实上确也有其真理的。至如《物类相感志》云："以皂角在灶内烧烟，锅底煤并突煤自落。"那倒是又为防火的一策，因为有许多火患，往往从突里有煤火落下而起的。

八 溷厕

Toilets

一般说来，国人对卫生设备是并不怎样讲究的，所以虽有厕所之名，而普通住宅，很少有特地设备；即有，也是随便放置，并不注意卫生方面。但按之载籍，古代如晋之石崇、元之倪瓒，他们家里的厕所，实在是很讲究的，且又过于现在西式的卫生设备。如《晋书·刘寔传》云：

寔位望通显，每崇俭素，不尚华丽。尝诣石崇家如厕，见有绛纹帐裀褥甚丽，两婢持香囊。寔便退，笑谓崇曰：『误入卿内。』崇曰：『是厕耳。』寔曰：『贫士未尝得此。』乃更如他厕。

又如同书《王敦传》云：

石崇以奢豪矜物，厕上常有十余婢侍列，皆有容色，置甲煎粉沈香汁。有如厕者，皆易新衣而出。客多羞脱衣，而敦脱故著新，意色无怍。群婢相谓曰：『此客必能作贼。』

试看厕所里居然有纹帐裀褥，还有侍婢奉侍，无怪刘寔一见，还以为误入了内室；而且如了一次厕，还教人易新衣，更是卫生之至。这在现今西式的设备中，也没有这样的讲究罢！又如明顾元庆《云林遗事》云：

其溷厕以高楼为之，下设木格，中实鹅毛。凡便下，则鹅毛起覆之，一童子俟其旁，辄易去，不闻有秽气也。

这简直等于现在的抽水马桶，不过将水易为鹅毛而已。

此犹为普通贵人与雅士的家里如此，其在帝王的宫中，当更有特别布置的，如宋刘义庆《世说新语》云：

王大将军敦，初上主厕，见漆箱中盛干枣，本以塞鼻，王谓厕上下果，食遂至尽。既还，婢擎金澡盘盛水，琉璃椀盛澡豆，敦因倒著水中而饮之，谓之干饮。群婢掩口而笑之。

按：王敦初尚武帝女武阳公主，此上主厕，谓上公主的厕所，居然另用干枣塞鼻，下来也有侍婢奉盘洗手，澡豆即系现在的肥皂粉。王敦虽然闹了一个大笑话，也由此可知古时对此设备很有讲究的。只是这种记载不多，使我们无法知道更详尽一些。

廁（“厕”的异体字——编者注）所的廁，从广从则，广象屋，則犹側，盖厕所多设于屋之侧室。所以侧亦作边解，如《汉书·汲黯传》云：“卫青侍中，上常踞厕视之。”应劭注云：“床边侧也。”惟《释名》以为：“厕言人杂在上非一也。”则以厕乃未必一人专用，许多人“杂在上”，当作杂字解了。

此外厕所古又称为“溷”、为“圊”、为“轩”，据《释名》又云：“或曰溷，言溷浊也；或曰圊，至秽之处，宜常修治使洁清也；或曰轩，前有伏似殿轩也。”《说文》亦云：“厕，清也。”圊犹清的地方，盖反其道而言的。

如厕今称为大便或出恭，古则或称沃头，如唐李匡义《资暇集》云：

俗命如厕为屋头，称并州人咸凿土为室，厕在所居之上故也。一说北齐文宣帝怒其魏郡丞崔叔宝，以溷汁沃头。后人或食，或避亲长，不能正言溷，因影为沃头焉。

但宋黄朝英《靖康湘素杂记》却以为非。他说：

《汉书·万石君传》云：『窃问侍者取亲中裙厕牏，身自澣洒。』苏林云：『牏音投。贾逵解《周官》云，牏，行圊也。』孟康曰：『厕，行圊，牏，行中受粪函者，东南人谓凿木空中如槽谓之牏。』故后人循袭，所以谓如厕为厕牏，其说良自于此。余尝怪李济翁《资暇集》云为沃头，盖济翁当时著论，亦不考究汉书厕牏之说，但随俗语谓为屋头，或云沃头，误也。

至于现在人的出恭，也有一个来历，清梁同书《直语补证》云：

今人谓如厕曰出恭，殊不可解。《刘安别传》：『安既上天，坐起不恭，仙伯主者奏安不敬，谪守都厕三年。』或本此。

惟《辞源》编者以为此乃近于附会，说明时考试，设有出恭入敬牌，防闲士子擅离座位。士子通大便时，恒领此牌，俗因谓通大便为出恭；且谓大便为大恭，小便为小恭云。按：古时原有一种厕筹，如《法苑珠林》云：“吴时于建业后园平地获金像一躯，孙皓素未有信，置于厕处，令执屏筹。”屏，本作屏，亦厕也。又《北史》亦云：“齐文宣王嗜酒淫佚，肆行狂暴，虽以杨愔为相，使进厕筹。”此厕筹据元陶宗仪《南村辍耕录》云：“今寺观削木为筹，置溷圊中，名曰厕筹。”则颇似明时所谓出恭牌了。然如明胡应麟《甲乙剩言》则云：

有客谓余曰：『尝客安平，其俗如厕，男女皆用瓦砾代纸，殊为呕秽。』余笑曰：『安平，晋唐间为博陵县，莺莺县人也，为奈何？』客曰：『彼大家闺秀，当必与俗自异。』余复笑曰：『请为君尽厕中二事：北齐文宣帝如厕，令杨愔执厕筹，是皇帝之尊，用厕筹而不用纸也。《三藏律部》宣律师上厕，法亦用厕筹，是比丘之净，用厕筹而不用纸。观此则厕筹瓦砾均也，不能不为莺莺要处掩鼻耳。』客为喷饭满案。

则厕筹确只能作木片解，用以代便纸的。于此亦可见古时不用便纸，而用木片或瓦砾的。

此外如厕古亦有称“内逼”或“奏厕”的，如五代孙光宪《北梦琐言》云：“有一丞郎马上内逼，急诣一空宅径登溷轩。”又宋张邦基《墨庄漫录》亦云：“胡世将承公为中书舍人，一日，胡将上马，急内逼，乃解衣登厕。”又如《宋史·梁师成传》云：“钦宗立，师成寝食不离，虽奏厕亦侍于外。”又岳珂《桯史》亦云：“番禺有海獠，居无溲匽，有楼高百余尺，下瞰通流。谒者登之，以中金为版，施机蔽其下，奏厕铿然有声。”

厕所虽称为污秽之所，然古时在厕上也有大用其功的，大文豪欧阳修就曾如此，他在《归田录》里云：

钱思公虽生长富贵，而少所嗜好。在西洛时，尝语僚属言平生惟好读书，坐则读经史，卧则读小说，上厕则阅小辞，盖未尝顷刻释卷也。谢希深亦言宋公垂同在史院，每走厕必挟书以往，讽诵之声琅然，闻于远近，其笃学如此。余因谓希深曰：『余平生所作文章，多在三上，乃马上枕上厕上也；盖惟此尤可以属思尔。』

这三上的确有其道理，现在文人取法乎此者恐怕也不少罢！

九 门户

Doors

門戶（“门户”的繁异体字——编者注）两字，完全是象形的，門是两户相合，所以是双扇门，戶是单扇门，《说文》所谓：“门，闻也，从二户；户，护也，半门曰户。”门户的读音，就是从闻护二音而来，《释名》更解释得明白：说是：“门，扪也，在外为人所扪摸也；户，护也，所以谨护闭塞也。”这样，门户两字的字音与字义，都解释得十分明白了，不过现代人似再没有门与户的分别，一例叫做门的了。

其实门不过是一种总称，因地位的不同，还有各种各样的别称，如《说文》所载：

闱，宫中之门也。闾，里门也，《周礼》五家为比，五比为闾；闾侣也，二十五家相群侣也。闺，特立之户，上圜下方，有似圭。闉，城曲重门也。阊，天门也，楚人名门曰阊阖。闳，巷门也。阘谓之樀，樀庙门也。阎，里中门也。阓，市外门也。阙，门观也。閤，门旁户也。阘，楼上户也。

居住交通

可知各种的门，都有各种的专称，可是现在也都称门，不过在门上加个别称而已。此外门上各部分也有许多名称，如《说文》："闗，以木横持门户也。"就是现在所谓门关。"阈，门榍也。"就是所谓门限或地栿。"扃，外闭之关也。"等于现在的锁。而小户的关门机，古作櫝，后则象形作为闩字了。其他还多，因不适用于现在，也不详举了。

与门有连带关系的，如"门人""门牌"，古今的用法却大不同，这倒值得一说的。如门人古以为再传弟子，《论语》："子出，门人问曰，何谓也?"《正义》云："门人，曾子弟子。"是孔子的再传弟子。今则作与弟子无异了。门牌古时作门历用，如宋释文莹《湘山野录》："张邓公士逊出游，暮归入宜秋门，阍兵捧门牌，请官位。公书云，八十衰翁无品秩，昔曾三到凤池来。"与今以记号数于门上者全异。

门户为保护居处而设，故启闭有时，但因此也有使通士闹笑话的，如宋郭彖《睽车志》云：

刘先生者，河朔人，年六十余，居衡岳紫盖峰下，间出衡山县市。县市一富人，尝赠一紬袍，刘欣谢而去。越数日见之，则故褐如初，问之，云：『吾几为子所累。吾常日出庵，有门不掩，既归就寝，门亦不扃。自得袍之后，不衣而出，则心系念，因市一锁，出则锁之；或衣以出，夜归则牢关以备盗。数日营营，不能自决。今日偶衣至市，忽自悟以一袍故，使方寸如此，是大可笑，适遇一人过前，即脱袍与之，吾心方坦然，无复系念。』

这恐怕只有那位刘先生会如是，来自寻烦闷罢！但据唐段成式《酉阳杂俎》里说："常山北，草名护门，寘诸门上，夜有人过，辄叱之。"居然有护门草可以护门，这未免是神话了。否则刘先生大可利用，不必为此而系念的。

今人入人门户，照西法应先扣门，待内有人答应，方可进去。此法实佳，免得人家有不可公开的秘密，为你泄漏。中国古时虽无扣门的礼节，但如《礼记·曲礼》所载："将入户，视必下。"这方法也是很好的。孟子就为没有这样做，看到他妻子的秘密，大发雷霆，却反被孟母严厉责骂，说他自己根本不知这个礼节，还能怪别人吗？另外还有个最好的办法，如元陶宗仪《南村辍耕录》所云：

江右胡存斋参政，能抑节下士，宾客至如家焉，故南北士大夫有经过其地，无不愿见者。每虞，阍人不为通刺，苟不出日，即于门首挂一牌云：『胡存斋在家。』

这方法是很好的，使人一目了然，彼此都不必有失礼节的地方了。在家则预备见客，不在家就不预备见客好了。至于自己一家的人，当然还得用视必下的方法，否则事实上无此理可说的。此外还可用门铃，现在则用电铃。按：此法唐时已有，张籍诗云“无吏换门铃”，此其证也。

居住交通

一〇 窗牖

Windows

窗字现在写法很多，但《说文》本作囱，完全是象形字。后来又加穴作窗，这除象形以外，又有会意的了。又于下加心作窻，则全是俗字，不足为取。此外《玉篇》又写作牕，亦作窓，《广韵》又多个俗作窗，至《正韵》又写作牎。于是窗之一字，便有七种写法。现在则以囱为烟囱的囱，故窗牖的窗，都写作窗了。

窗与牖也像门户有分别的，《说文》所谓："在墙曰牖，在户曰囱。"又云："牖，穿壁以木为交窗也，牖所以见日。"所以窗门往往相连，盖窗必在门上。今则两者已不清分，都称为窗了。《释名》以为："窗，聪也，于内窥外为聪明也。"至于牖，《释名》无释，惟《诗》有"天之牖民"，疏以为："牖与诱通，故以为导也。"则牖有诱导日光之意，故读作诱音罢！

窗现在多用玻璃嵌成，取其透明无隔，但古时视玻璃为贵物，故普通只用纸糊，贵者不过用纱用绮，如《后汉书·梁冀传》云："冀大起第舍，冀妻孙寿亦对街为宅，窗牖皆有绮疏青琐。"又《独异志》云："后汉韦逞母

窗牖 《说文》所谓："在墙曰牖，在户曰囱。"又云："牖，穿壁以木为交窗也，牖所以见日。"所以窗门往往相连，盖窗必在门上。

宗氏，博究经典，置生徒一百二十人，隔纱窗授业。”这因为那时纸还不大普遍，所以用绮纱等物为多。至后世则多用纸，如《辟寒》云：“唐杨炎在中书后阁，糊窗用桃花纸，涂以冰油，取其明暖。”又如《云仙杂记》云：“段九章诗成无纸，就窗裁故纸连缀用之。”但其中也有不用纸的，如唐白居易《竹窗》诗云：“开窗不糊纸，种竹不依行，意取北檐下，窗与竹相当。”至于以玻璃为窗的，《汉武故事》中曾说“帝起神室，有琉璃窗”，此琉璃是否如今玻璃，不得而知。但唐王棨有《琉璃窗赋》云：

彼窗牖之丽者，有琉璃之制焉。洞彻而光凝秋水，虚明而色混晴烟。皓月斜临，陆机之毛发寒矣；鲜飙如透，满奋之神容凛然。始夫创奇宝之新规，易疏寮之旧作。龙鳞不足专其莹，蝉翼安能凝其薄。若乃孕美澄凝，沦精灼烁，栋宇廓以冰耀，房栊炯其电落。深窥公子，中眠云母之屏；洞见佳人，外卷水精之箔。表里玲珑，霜残露融。列远岫以秋绿，入轻霞而晚红。满榻琴书，杳若冰壶之内；盈庭花木，依然瑶镜之中。故得绣户增光，绮堂生白。睹悬虱之旧所，疑素蟾之新魄。

碧鸡毛羽，微微而雾縠旁笼；玉女容华，隐隐而银河中隔。几误梁燕，遥分隙驹，比曲棂而顿别，想圭窦以终殊。迥以视之，虽皎洁兮斯在；远而望也，则依微而若无。由是蝇泊如悬，虫飞无碍。光寒而珠烛相逼，影动而琼英俯对。不羡石崇之馆，树列珊瑚；岂惭韩嫣之家，床施玳瑁，如是价重琐闼，名珍绮疏。彻纱帷而晃朗，连角簟而清虚。倘征其形，王母之宫可匹；语其巧，大秦之璧焉如！然而国以奢亡，位由侈失，帝辛为象箸于前代，令尹惜玉缨于往日。其人可数，其类非一，何用崇瑰宝兮极精奇，置斯窗于宫室。

这里形容琉璃窗是洞彻，虚明，把内外都看得十分明清，岂非即今所谓玻璃？而赋末以为奢侈，不知到现在已视为极普通的装饰了。然此不过唐以前如此，至元时已较流行，如清钱芳标《莼渔词话》云：

京师冬月，既以纸糊窗格，间用琉璃片，画作花草人物嵌之，由室中视外，无微不瞩；从外而观，则无所见。此欧阳楚公《十二月渔家傲词》所云花户油窗也，盖元时习俗已尚之。

惟仍作嵌用，似还不大普遍；盖此物既由外国输入，总还视为宝贵的。

窗牖 《释名》以为："窗，聪也，于内窥外为聪明也。"至于牖，《释名》无释，惟《诗》有"天之牖民"，疏以为："牖与诱通，故以为导也。"

又今人称同学为同窗，同官为同寮，皆与窗有关。明杨慎《丹铅总录》云：

《左传》：『同官为寮。』《文选》注：『寮，小窗也。』宋王圣求号初寮，高似孙号疏寮，谢伋号灵石山药寮，唐诗『绮寮河汉在斜楼』皆指窗也。古人谓同官为寮，指其斋署同窗为义。今士子同业曰同窗。官先事，士先志，官之同寮，亦士之同窗也。

可知渊源实古的。

二 旅寓

Inns and Hostels

旅本军队，《说文》所谓：“军之五百人为旅。”徐锴以为：“旅者众也，众出则旅寓，故谓在外为旅也。”这里所说的旅正如徐氏所说，也正如《易·旅卦》疏云：“旅者，客寄之名，羁旅之称，失其本居，而寄他方，谓之旅。”所以旅是寄居他方之意，其场所或称旅馆，或称旅舍，古亦称为逆旅，客舍等等。推其由来，实在是很早的，如晋潘岳《上客舍议》云：

谨按逆旅，久矣其所由来，行者赖以顿止，居者薄收其直，交易贸迁，各得其所。官无役赋，因人成利，惠加百姓。而公无末费。语曰：『许由辞帝尧之命，而舍于逆旅。』《春秋外传》曰：『晋阳处父遇宁戚于逆旅。』魏武皇帝亦以为宜，其诗曰：『逆旅整设，以通商贾。』然则自尧到今，未有不得客舍之法。

可知尧时已有逆旅之设。此种逆旅或客舍，皆由民间所办，其官办者，则称为馆，如《周礼·地官》云：

遗人，凡宾客，会同，师役，掌其道路之委积。凡国野之道，十里有庐，庐有饮食。三十里有宿，宿有路室，路室有委。五十里有市，市有候馆，候馆有积。

所以馆字从饣（食）从官，其用意正在于此。今则不论官民，皆得称为馆了。新式的又称为饭店，盖以兼售饭食而言。其实我国古时旅舍多属如此，如五代孙光宪《北梦琐言》云：

后唐明宗皇帝微时，随蕃将李存信巡边，宿于雁门逆旅。逆旅媪方娠，帝至，媪慢不时具食，腹中儿语谓母曰：『天子至，宜速具食。』声闻于外，媪异之，遽起亲奉庖爨，敬事尤谨。

这虽然是神话，但逆旅具食，可知自古已然的，今内地旅舍还多如此。至于寄宿旅舍，必须将姓名登录循环簿中，此法起源也古。《史记·商君传》云：

秦孝公卒，太子立，公子虔之徒告商君欲反，发吏捕商君。商君亡，至关下，欲舍客舍，客人不知其是商君也，曰：『商君之法，舍人无验者坐之。』商君喟然叹曰：『嗟乎，为法之敝，一至此哉！』

这里所谓验者，当是验一种身份证书，以证明他是良民，否则客舍主人就要犯罪连坐的。今所谓“作法自毙”，就是这个来历。

此外，现在称小客舍谓之客栈，这于古倒未所闻。按：栈，《说文》以为“棚也”，盖编木而成的陋室。栈字用意，或者由简陋而来的。至于普通长期寄居于他乡的住所，则称为寓，寓，寄也，即寄居之意，与旅舍的暂时寄居又不同了。

二 寺观

Temples

今以僧所居处为寺，考寺本为官署的名称，后则移以为僧居的专称了。《释名》所谓："寺，嗣也，治事者相续于其内；本是司名，西僧乍来，权止公司，移入别居，不忘其本，还标寺号。"其最早实始于汉明帝时，宋高承《事物纪原》所谓："汉明帝时，自西域以白马驮经来，初止鸿胪寺，遂取寺名置白马寺，即僧寺之始也。"但据《高僧传》云：

汉明帝于城门外立精舍以处摩腾焉，即白马寺也。白马者，相传云，天竺国有伽蓝名招提，其处大富有恶，国王利于财将毁之，有一白马绕塔悲鸣，即停毁，自后改招提为白马，诸处多取此名焉。

则白马并非谓白马驮经而来的缘故，乃是天竺（即印度古亦称梵）原有这个白马故事的。今称寺亦为伽蓝亦为招提，伽蓝梵语为僧伽蓝，即众僧园之意，就是译其语音。招提据《僧辉记》云："招提者，梵言拓斗提奢，唐言四方僧物，但传笔者讹拓为招，去斗奢，留提字，即今十方住持寺院耳。"则实为拓提之讹。此外寺的别称尚多，如《六帖》所云："精舍、梵宫、宝地、化城、净山、鹫峰、绀国、绀宇，皆佛寺名。"按：化城据《法华经》云："法华导师多诸方便，于险道中化作一城，是时疲极之众，前入大城，生已度想。"故名。鹫峰原是印度山名，佛尝居此。绀国绀宇相同，绀为青而含赤之色，佛的毛发多作此色，故云。其他则又称为刹，刹为梵语瑟刹的简称，佛寺所立的幡竿，唐以后遂通称佛寺为刹。又称兰若，本梵语阿兰若之省，其义即空净闲静之处。又称丛林，以大树丛丛，形容僧聚之处。

寺之外往往还有塔，塔实亦由梵音所译，其建筑的原因为藏佛骨，如《魏书·释老志》云：

佛既谢世，香木焚尸，灵骨分碎，大小如粒，击之不坏，焚亦不焦，或有光明神验，胡言谓之『舍利』。弟子收奉，置之宝瓶，竭香花致敬慕，建宫宇谓为塔。塔亦胡言，犹宗庙也，故世称塔庙。至后百年，有王阿育，以神力分佛舍利于诸鬼神，造八万四千塔，布于世界，皆同日而就。今洛阳、彭城、姑臧、临渭皆有阿育王寺，盖承其遗迹焉。

此外又作浮屠或浮图，实为佛陀的异译，后亦称僧称塔的。而女尼所居，别称为庵，按：庵实小草舍之称，似始于明时。明以前则均称为寺，实无庵的称法，且古时尼常与僧同处，如宋王栐《燕翼贻谋录》云：

僧寺戒坛，尼受戒，混淆其中，因以为奸。太祖皇帝尤恶之，开宝五年二月丁丑诏曰：『僧尼无间，实紊教法。应尼合度者，只许于本寺起坛受戒，令尼大德主之，如违重置其罪，许人告。』则是尼受戒不须入戒坛，各就其本寺也。近世僧戒坛中公然招诱新尼受戒，其不至者反诬以违法，尼亦不知法令，本以禁僧也，亦信以为然，官司宜申明禁止之。

可知宋时僧尼实常相混淆一处的。又据宋周密《癸辛杂识》所云，则事更荒唐，实为空门的污迹：

临平明因寺，尼大刹也。往来僧官，每至必呼尼之少艾者供寝。寺中苦之，于是专作一寮贮尼之尝有违滥者，以供不时之需名曰尼站。

至中国之有女尼（按：尼乃梵语，即女之意）及尼寺之始，据明陈继儒《群碎录》云：“汉明帝听刘峻女出家，又听洛阳妇阿潘等出家，此中国尼姑之始；何充舍宅安尼，此尼寺之始。”

观为道士居处的名称。其实观为居处不限于道士的，如《识遗》所云：

观之义亦远，仲尼与于蜡宾，事毕出游于观之上，盖鲁有两观，门旁高处也。《尔雅》释观为阙，孙炎曰：『宫门双阙，悬法象使民观之。阙居巍巍高处，因名象魏谓之阙者，观法象则可阙去疑事。』《春秋》晋楚郯之战，潘党请收晋尸，筑为京观，封土观示后人也。胡澹庵言：『观有四：一曰朵楼，鲁两观是也；一曰藏书所，汉东观是也；一曰游观处，谢玄晖赋属玉观是也；一曰高可望，《黄帝内传》置玄始真容于高观上是也。今老氏居，疑本《内传》。』详此观非老氏可专，凡高可纵观皆观也。

此释各种的观甚详，道家之所以也称为观，乃是高可望的缘故，因为《史记·封禅书》中，正说到“齐人公孙卿曰，仙人好楼居，于是上令长安则作蜚廉桂观，甘泉则作益延寿观，使卿持节设具，而候神人”。因为仙人要楼居，所以居处非造得高不可，高可以观，所以便称为观。但《索隐》有曰：“小颜以为作益寿、延寿二馆。”似若观或由馆转变而来，说亦可通。按：梁元帝作《龙川馆诗》，沈约作《沈道士馆诗》，陈张正见作《游简寂馆诗》，正多称观为馆的。至宋真宗作玉清昭应宫，于是道观又尊称为宫，直如帝王之居了。

一三 道路

Roads

道路只是路的总称，路有大小，在古时就有许多不同的名称。如《周礼·地官》云：

遂人治野，夫间有遂，遂上有径。十夫有沟，沟上有畛。百夫有洫，洫上有涂。千夫有浍，浍上有道。万夫有川，川上有路。

这里面所说遂、沟、洫、浍、川都是河的别称，而径、畛、涂、道、路便是路的别称。据郑玄注云：“径、畛、涂、道、路皆所以通车徒于国都也。径容牛马，畛容大车，涂容乘车一轨，道容二轨，路容三轨。”按：今称小路正叫径。畛则已无是称。涂同途，途径常相连称，可知途又较径为大的。然涂亦为道路的通称，如同书《考工记》云：“匠人营国，方九里，旁三门。国中九经九纬，经涂九轨，环涂七轨，野涂五轨。”此国中即指城中，经涂即东西的经路，阔至九轨，据注“轨凡八尺，九轨积七十二尺，则此涂十二步也”。环涂为环城的路，野涂为城外

肖形印

的路。按：现在都市中的马路，普通阔也不过七八十尺，惟古度制较今制为短，所以还是不怎样宽放的。今称道路亦为道途或路途，可知途确可以通称于路。至于道路途三字的意义，《释名》以为："道蹈也，路露也，言人所蹈而露见也；涂度也，人所由得通度也。"涂也可通途。

此外道路在城邑中的又有街巷衖弄等等名称。按：街据《风俗通》谓："携也，离也，四出之路，携离而别也。"《玉篇》以为"四通道也"。实与上所引的涂相同，所以旧时城中大路多称为街，其称路者，实自外人在上海筑马路始，后各地亦仿而行之，称之为路，而香港又别称为道，盖皆由英文road一字所译。巷则普通指街较小者，《说文》以为："巷，里中道，从邑从共，皆在邑中所共也。"自古街巷往往连称，至《增韵》遂以为"直曰街，曲曰巷"，其实也未尽然的。衖即巷字，今亦读作弄音，因此又写作弄，以为街之最小者，俗所谓弄堂是也。然古实无此义，始于元时，见明刘绩《霏雪录》，所以明

街路 旧时城中大路多称为街，其称路者，实自外人在上海筑马路始，后各地亦仿而行之，称之为路。

梅膺祚《字汇》就有“弄巷也”之说。惟据清周广业《冬集纪程》云：

《丹铅总录》云：『今之巷道，名为胡洞，字书不载，或作衚衕，皆无据也。』《南齐书》有『西弄』，弄巷也，南方曰弄，北曰衚衕，弄之反切为衚衕，盖方言也。

则弄字早用于南齐时，而北京有胡同之称，据此亦可知由弄的反切而来了。弄实巷之又小者，所以徐珂《清稗类钞》以为：“京师指妓馆所在地曰衚衕，衚衕者，火弄之音转耳，凡小巷皆曰衚衕。”

今称路有“四通八达”之说，盖此路与彼路往往互相通达，都市中的道路大抵如此。此在古时亦有规定的名称，如《尔雅》云：

一达谓之道路，二达谓之岐旁，三达谓之剧旁，四达谓之衢，五达谓之康，六达谓之庄，七达谓之剧骖，八达谓之崇期，九达谓之逵。

今所通用的，惟衢与康庄三字，皆指为大路而已，没有四达五达六达之别。至于古时所筑道路情形如何，则《三辅决录》中有云：

长安城面三门，四面十二门，皆通达九逵，以相经纬。衢路平正，可并列车轨。十二门三涂洞辟，隐以金椎，周以林木，左右出入，为往来之径，行者升降，有上下之列。

这虽指的是汉时的京都长安，不能代表一般，但也可知这种道路，阔大可以行车马，而且往来都有规定，路有林木，直与现在都市中的马路相似。不过所缺少的，没有像现在还有铁路罢了。

说起铁路，我国实始于上海的淞沪铁路，但后来又被拆毁，如《清史稿·交通志》云：

铁路创始于英吉利，各国踵而行之。同治季年，海防议起，直督李鸿章数为执政者陈铁路之利，不果行。光绪初，英人擅筑上海铁路达吴淞，命鸿章禁止，因偕江督沈葆桢檄盛宣怀等与英人议，卒以银二十八万两购回，废置不用，识者惜之。三年有商人筑唐山至胥各庄铁路八十里，是为中国自筑铁路之始。

《清史稿·交通志》云："同治季年，海防议起，直督李鸿章数为执政者陈铁路之利，不果行……三年有商人筑唐山至胥各庄铁路八十里，是为中国自筑铁路之始。"

其后朝议还是或毁或誉，纷纷不一，但总算中国是有铁路的建筑了。至于已废置的淞沪铁路，实于同治十三年十一月（1874年12月）由英商怡和洋行集资起筑，至光绪二年正月（1876年2月）已筑到江湾。就在那年闰五月十二日（1876年7月3日）试行通车。当时因属创见，所以远近来看热闹的人很多。至十月十六日（12月1日）方才全路通车。但因我国的反对，终于光绪三年九月十四日（1877年10月20日）收回拆毁了。按：火车机头为英国人史蒂芬逊（George Stephenson）所发明，于一八二五年第一次在伦敦北部的斯多克敦（Stockton）镇上行驶，所以距我国之有火车，已有五十年了。

最后说到公路，这还是国民政府成立以后所举办的，到现在不过二十年间而已。

一四 桥梁

Bridges

桥最初称为梁，所以《说文》云：“桥，水梁也。”其初除小桥外，大抵以舟作浮桥，如《诗·大明》云：“亲迎于渭，造舟为梁。”朱注：“造作梁桥也，作船于水比之，而加版于其上以通行者，即今之浮桥也。”此种浮桥，或为临时所搭，或搭亦必须每年一修，所以《礼记·月令》有“孟冬之月谨关梁”，《国语·周语》有“天根见而水涸，水涸而成梁，故夏令曰十月成梁”。注谓：“天根，氐亢之间也。涸竭也，谓寒露雨毕之后，五日天根朝见，水潦尽竭也。夏令夏后氏之令，周所因也。成梁所以便民，使不涉也。”大约每到十月时候，就要重新搭造桥梁了。

至桥之为称，似始于秦。《史记·秦本纪》有云：“昭襄王五十年，初作河桥。”唐徐坚《初学记》亦云：

凡桥有木梁石梁，舟梁谓浮桥，即《诗》所谓造舟为梁者也。周文王造舟于渭，秦公子针奔晋，造舟于河。秦都咸阳，渭水贯都，造渭桥及横桥，南渡长乐宫。汉作便桥以趋茂陵，并跨渭，以木为梁。汉又作霸桥，以石为梁。

可知古实称梁，至秦始有桥称，汉后则通称为桥，称梁已很少了。最古用舟，次用木，后又用石了，这是造桥上一个大进步。据梁任昉《述异记》云："秦始皇作石桥于海上，欲过海观日出处。有神人驱石去不速，神人鞭之皆流血，今石桥其色犹赤。"则石桥似亦始于秦时，惟此未免是神话，恐难遽信。

中国的桥，古来以闽地所建为最壮丽。其所以如此者，据说别有原因，如明王世懋《闽部》疏云：

闽中桥梁甲天下，虽山坳细涧，皆以巨石梁之，上施榱栋，都极壮丽。初谓山间木石易办，已乃知非得已。盖闽水怒而善崩，故以数十重重木压之，中多设神佛像，香火甚严，亦压镇意也。然无如泉州万安桥，蔡端明名几与此桥不朽矣。

说到万安桥，就是世所称洛阳桥，向有“天下第一桥”之称，即在现代科学昌明看来也觉得它的工程的确是伟大的，因此当时即有种种神话传说，如明陈懋仁《泉南杂志》云：

万安桥乃宋蔡忠惠公所造，世谓洛阳桥是也。落成，公自为记曰：『泉州万安渡石桥，始造于皇祐五年四月庚寅，以嘉祐四年十二月辛未讫功。累址于渊，酾水为四十七道，梁空以行，其长三千六百尺，广丈有五尺，翼以扶拦，如其长之数而两之。糜金钱一千四百万，求诸施者。渡实支海，舍舟而徒，易危以安，民莫不利。职其事卢锡王寔许忠，浮图义波宗善等十有五人。既成，太守莆阳蔡襄为之合乐宴饮。而落之明年秋，蒙召还京，道繇是出，因纪所作，勒于岸左。』公自书，大方尺，分勒二石，今在公祠，盖公之功，在百世大矣，而记仅一百五十三言，可见古人不肯擅美如此。又闻之父老云：『先时二石为倭载去，后见江间发光，探之得后一石，其前一石乃后人复模，故前石不如后石之荣润，打碑声时与江涛竞响也。』俗传公造此桥，限以涛势不能累址，乃檄江神，得一醋字，公云二十一日酉时为之。今公记中无是说也。王遵岩曰：『岂其驾长江之洪流，冯虚以构实，其役有足骇人者，昧者惊焉，而言之异；亦以贤者之所为，兴事起利，人乐其成，而赖其功，故托于神以美之耶？』

但据同书所载，其地尚有盘光桥，实较万安桥为更伟大的：

盘光桥自洛阳桥东接凤屿。屿在江中央，上多腴田，稠民居。旧有石路，潮落路出，行者病之。宋宝祐中，僧道询募赀作石桥，长四百余丈，广一丈六尺，比蔡端明所造洛阳桥长多四百余尺，阔多一尺。世知洛阳而不知盘光者，盖以人重也。

然今人殆皆不知有此一桥了，这不但“以人重”，恐怕还是那一个“醋”字的缘故。

一五 车轮

Wheels

车字完全是象形的，《说文》所谓“舆轮之总名”。其字有二音可读，《释名》以为：“车，古者曰车声如居，言行所以居人也；今曰车，车舍也，行者所处若车舍也。”可知本来读作居音，后来乃读扯音了。

车的种类当然是很多，《释名》里就举有二十三种，除天子所乘特别称之为“辂”外，其余即车上加个形容词。这些在现在都已不为人所称用，这里也不列举了。至于天子之所以称辂，本即由路字而来，《释名》所谓“辂言行于道路也”，原也没有什么深意存乎其间的。至于车的各部分名称宋陈祥道《礼书》有很好的解释，兹引录如下：

古者服牛乘马，引重致远，以利天下，则车之作尚矣。车之制，象天以为盖，象地以为舆，象斗以为杠毂，象二十八星以为盖弓，象日月以为轮辐。前载而后户，前轨而后轸，旁輢而首以较，下轴而衔以镤，对人者谓之轼，如舟者谓之辀，揉而相迎者谓之牙，辀之曲中谓之前疾。轭之上平谓之衡，衡之材与舆之下木皆曰任，以其力任于此也。毂之端与輢之下木皆曰轵，以其旁止于此也。轸可以名舆，可以名车，达常可以名部，轸前横木可以名辂，此又因一材而通名之也。其为车有长毂者，有短毂者；有杼轮者，有侔轮者；有反揉者，有仄揉者；有两轮者，有四轮者；有有辐者，有无辐者；有曲辕者，有直辕者，有一辕者，有两辕者；有直舆者，有曲舆者；有广箱者，有方箱者；有重较者，有单较者；或驾以马，或驾以牛；或挽以人，或饰以物；或饰以漆，或朴以素；要旨因宜以为之制，称事以为之文也。然礼有屈伸，名有抑扬，故论其任重，则虽庶人之牛车，亦与大夫同称大车；论其等威，则虽诸侯之正路，于王门曰偏驾而已。

这些专门名词，一般人看来不免有些生疏，但是自古至今，恐怕还没有什么改变过，引列于上也可以给我们一个小小的常识。

车究竟为何人所发明，据汉刘向《世本》以为“奚仲始作车”。按：奚仲为夏车正，曾定车的等级，实非始作车者，所以《宋书·礼志》辟其妄云：“《世本》云，奚仲始作车。按：庖羲画八卦而为大舆，服牛乘马，以利天下。奚仲乃夏之车正，安得始造乎？《世本》之言非也。”但因此而说为庖羲所创，其说亦荒远难稽。其后《古史考》又以为黄帝所作，亦难使人置信。倒不如《后汉书·舆服志》所云：

上古圣人见转蓬，始知为轮。轮行可载，因物知生，复为之舆。舆轮相乘，流运罔极，任重致远，天下获其利，后世圣人观于天，视斗周旋，魁方杓曲，以携龙角，为帝车，于是乃曲其辀，乘牛驾马，登险赴难，周览八极，故《易》震乘乾谓之大壮，言器莫能有上之者也。自是以来，世加其饰，至奚仲为夏车正，建其斿旐，尊卑上下，各有等级。

由转蓬而为轮，由轮而为舆，于是变成为车，而称之为上古圣人，这见解确比上引诸书所说庖羲黄帝来得高明的。因为年代久远，究为何人造车，殊难确定，倒不如归功于古圣人，来得最妥当。大约有路即有车，故最初的车，称之为路，后来路改为辂，专称天子的车了。

最初乘车，只立而不坐，这因为上古无凳椅之设，人皆席地而坐，乘车便不坐而立。如宋程大昌《演繁露》云：

古者乘车，皆立不坐。车前横木曰轼，在车遇所敬，则俯身以手按轼。武王式箕子间，盖如此其式也。惟安车乃始坐乘，杜延年赐安车驷马，颜师古曰：『安车，坐乘车是也。』

按：安车之制，始于周时，为王后所坐之车，盖《礼记·曲礼》有“妇人不立乘”之说，故古者妇人独得坐乘。惟《曲礼》又云：“大夫致事乘安车。”则男子年老，似也可以坐乘的。不过坐乘仍无凳椅，就坐在车箱中而已。其后至汉则安车渐为盛行，坐亦不分为妇人与男子了，如《晋书·舆服志》云：

车坐乘者谓之安车，倚乘者谓之立车，亦谓之高车。按：《周礼》惟王后有安车也，王亦无之。自汉已来，制乘舆乃有之。有青立车青安车，赤立车赤安车，黄立车黄安车，白立车白安车，黑立车黑安车，合十乘名为五时车，俗谓之五帝车。

这专指天子所乘的安车，其余职官当然也另有安车的。

至古时驾车，最早用牛，渐后惟贵者用马，普通亦多用牛，如《演繁露》所云：

汉初马少，故曰『自天子不能具醇驷，将相或乘牛车』。言惟天子之车，然后有马，然亦不能纯具一色，至将相则时或驾牛也。自吴楚诛后，诸侯惟是食租衣税，无有横入，故贫者或乘牛车。则此之以牛而驾，自缘贫窭，无资可具，非有禁约也。……至晋驾车，遂改用牛。王导驾短辕犊车，犊，牛犊也。王济之八百里驳，驳亦牛也，言其色驳，而行速日可八百里也。石崇之牛疾奔，人不能追，此其所以宝之也。《南史》吴兴太守之官，皆杀瓶下牛以祭项羽，知驾车用牛也。岂通晋之制，皆不得驾马也耶？予于是考案上古驾车，则皆驾牛，无用马者。故《易》曰『服牛乘马』也。又曰：『皖彼牵牛，不以服箱。』则牛服之谓也。

但牛车也并非贱者之车，后亦转以贵，而且尊卑皆乘，如《晋书·舆服志》云：

画轮车驾牛，以彩漆画轮毂，故名曰画轮车。古之贵者不乘牛车，汉武帝推恩之末，诸侯寡弱贫者，至乘牛车。其后稍见贵之，自灵献已来，天子至士，遂以为常乘。

此无怪至晋时虽为将相，亦乘牛车，程氏似亦不必因此而有疑问的。但牛车至宋以后，始渐废置，其本驾牛的，亦多改为马，如《宋史·舆服志》云：“画轮车驾以车，今驾以二小马。明远车古四望车也，驾以牛，太祖乾德元年改仍旧四马赤质。”但载辎重的，当然还驾之以牛，然亦嫌其行缓而不适用，如宋邵博《闻见后录》载沈括对仁宗云：

车战之利，见于历世。五御折旋，利于轻速。今之民间辎车，重大椎朴，以牛挽之，日不能行三十里。少蒙雨雪，则跬步不进，故俗谓之太平车，或可施于无事之日，恐兵间不可用耳。

居住交通

可知牛车已渐被淘汰，只用于乡间载物之用而已。

车除驾牛马以外，亦有用人挽的，至今犹然。按：此古谓之辇，《宋书·礼志》云：

辇车，《周礼》王后五路之卑者也。后宫中从容所乘，非王车也。汉制乘舆御之，或使人挽，或驾果下马，汉成帝欲与班婕妤同辇是也。后汉阴就外戚骄贵亦辇，井丹讥之曰：『昔桀乘人车，岂此邪？』然则辇夏后氏末代所造也。井丹讥阴就乘人而不云僭上，岂贵臣亦得乘之乎？

可知最早似始于夏末，然在汉时或人或马，犹未一律。其后则专用人，实为后世轿舆的由来，说详下节，兹不赘。至于像现在所乘的人力车，俗称东洋车，实传自日本，《上海研究资料》曾云："第一次上海有人力车，是在一八七四年三月二十四日，由法商米拉（Menard）由日本输入，得法公董局允许核发照会。"清黄协埙《淞南梦影录》则云英国人，恐传闻之误。他说：

上海之有车，始于同治初年。初惟江北人推独轮小车，沿途揽载货物，兼可坐人。嗣于辛未壬申间（按：为同治十一年），有英人某，购东洋车数十乘，在租界中载客往来，而江北车遂无人肯坐矣。马车者，始惟欧洲巨贵得以用之，中人之可赁以游行者，迄今不及十数稔。从前尚有脚踏车，虽行路如飞，而草软沙平，尚虞倾跌，一遇瓦砾在途，则不能行走矣。近因不便，其制遂废。

按：今惟马车渐废，而脚踏车却极风行。黄氏作此书于光绪九年（1883年），大约其时又一度衰落罢！至于独轮小车，宋时已有之。其制如明宋应星《天工开物》云：

北方独辕车，人推其后，驴曳其前。行人不耐骑坐者，则雇觅之，鞠席其上，以蔽风日。人必两傍对坐，否则攲倒。其南方独轮推车，则一人之力是视，容载二石，遇坎即止，最远者止达百里而已。

其形制与今日仍相同的。此外今日在上海最盛行者为汽车与电车，《淞南梦影录》中还未说及，可知传入我国犹在其后。《上海研究资料》中对此记载颇明，兹引录如下：

第一次汽车到上海在一九〇一年，共二辆，由匈牙利人李恩时（Leinz）输入。工部局捐务处不知汽车应归入何种车辆，姑列为马车之一，从轻征税。第一次公共租界有轨电车通车于一九〇八年三月五日，无轨电车通车于一九一四年十一月，公共汽车通车于一九二四年十月九日，双层公共汽车行驶于一九三四年四月一日。第一次法租界有轨电车通车于一九〇八年二月，无轨电车通车于一九二六年八月一日，公共汽车通车于一九二七年二月一日。第一次南市有轨电车通车于一九一三年八月十一日，公共汽车通车于一九二八年十月十日。第一次闸北公共汽车通车于一九二八年十一月十八日。

按：汽车为一八八六年德国人狄摩来耳（现译为戴姆勒）（Herr Gottlieb Daimler）所创造，则传入我国，距发明时期不过五年而已。

此外又有一种三轮车，为战（第二次世界大战）后上海最盛行的新车。初以人力车配合脚踏车，故由双轮变为三轮，后由上海三轮车公司加以改良，遂制成为三轮车。按：宋路振《九国志》云："林知元所居有茂林修竹，为山石之娱，尝驾三轮车，命僮牵之，随意所止玩赏。"则五代时实亦有过，只是用僮牵引并非脚踏而已。

至于火车，我们在道路节中已说过铁路，这里不再复述。回头再说古时还有两种特殊的车，在现在似已失传，倒值得在这里补述的。一为指南车，据晋崔豹《古今注》云："黄帝与蚩尤战于涿鹿之野，蚩尤作大雾，兵士皆迷，于是作指南车以示四方，遂擒蚩尤。"这恐怕是神话，不足置信。《宋书·礼志》对此颇有考证，兹引录如下：

指南车其始周公所作，以送荒外远使，地域平漫，迷于东西，造立此车，使常知南北。《鬼谷子》云：『郑人取玉，必载司南，为其不惑也。』至于秦汉，其制无闻。后汉张衡始复创造。汉末丧乱，其器不存。魏高堂隆秦朗皆博闻之士，争论于朝，云无指南车，记者虚说。明帝青龙中，令博士马钧更造之，而车成。晋乱复亡，石虎使解飞，姚兴使令狐生又造焉。安帝义熙十三年，宋武帝平长安，始得此车。其制如鼓车，设木人于车上，举手指南，车虽回转，所指不移。大驾卤簿，最先启行。此车戎狄所制，机数不精，虽曰指南，多不审正。回曲步骤，犹须人功正之。范阳人祖冲之有巧思，常谓宜更构造。宋顺帝升明末，齐王为相，命造之焉。车成，使抚军丹阳尹王僧虔，御史中丞刘休试之，其制甚精，百屈千回，未尝移变。

据此则指南车为周公所发明，其后时失时造，至元其制犹存。明王圻《三才图会》云："指南车琢玉为人形，手常指南，足底通圆窍，作施转轴踏于蚩尤之上。延祐中，获睹于姚牧庵承旨处，玉色微黄，赤绀古色。"按：延祐为元仁宗年号，是王氏未必亲见，但据前人之书传抄而已。另一为记里车，仍据《宋书·礼志》云：

记里车未详所由来，亦高祖定三秦时所获。制如指南，其上有鼓，车行一里，木人辄击一槌。大驾卤簿，以次指南。

此车精巧实较指南车为尤过之，惜今似未闻有人再仿造的。

一六 舆轿

Sedan Chairs

轿实由古时輂舆转变而来。盖古车多驾牛马，輂则用人挽的；舆本为车底，即车的上一部分，下加以轮，乃谓之车。其后只用舆的部分，由人肩荷而行，即谓之轿。然古时统称为舆，称轿殊少，故《说文解字》《释名》，皆没有轿字，仅《汉书·严助传》有"舆轿而逾领"之语。而《史记·河渠书》中，则有"陆行载车，水行载舟，泥行蹈毳，山行即桥"之说，集解引徐广曰："桥一作檋，直辕车也。"按：辕即车杠，在轿即为轿杠，既云直辕，实即如今的轿无异，所以明张自烈《正字通》云："桥即轿也，盖今之肩舆，谓其平如桥也。"疑《汉书》亦作桥字，而由后人擅改的，否则《说文》何以不载呢？更可得一确证的，即宋林洪《山家清供》云：

夏禹山行乘轿，汉南粤王舆桥过岭，颜师古北人，固不知南人乘轿度岭，而洪景卢亦谓山行之车，车只宜平地，孰若今轿为便？桥即轿，固无疑矣。

舆轿正作舆桥，盖古时北方有车无轿，南方则已有之，故其字未制，乃谐声而作桥字。后世虽渐有轿，然仍多以舆为称，盖皆为陆行乘具，且其形制仅少转轮，余多相似，所以也不用另称为轿罢！因此其字虽著于《玉篇》，而用之极广者还始于宋时。

现在先从辇说起。辇虽为人挽的车，但后来也将轮去了，与后世的轿无异，如《宋书·礼志》云：

辇车，《周礼》王后五路之卑者也。后宫中从容所乘，非王车也。汉制乘舆御之，或使人挽，或驾果下马，汉成帝欲与班婕好同辇是也。后汉阴就外戚骄贵亦辇，井丹讥之曰：『昔桀乘人车，岂此邪？』然则辇夏后氏末代所造也。井丹讥阴就乘人而不云僭上，岂贵臣亦得乘之乎？未知何代去其轮？傅玄子曰：『夏曰余车，殷曰胡奴，周曰辎车。』辎车即辇也。魏晋御小出常乘马，亦多乘舆车，舆车今之小舆。

这里说明辇的由来很明，而且至南朝宋时早已去了轮了。同时所谓舆车，虽有车名，实亦无车轮的。按：晋陆翙《邺中记》云："石虎好游猎体壮大，不堪乘马，作猎辇使二十人舁之，如今之步辇。"此即辇之已去轮者，既用人舁，明与后来的轿无异。又如《晋书·桓玄传》云："玄造大辇容三十人坐，以二百人舁之。"这都是以辇为轿的明证，或者就始于六朝时的。至如同书《陶潜传》云："刺史王弘要之还州，问其所乘。答云：素有脚疾，向乘篮舆，亦足自反。乃令一门生二儿共舆之。"这篮舆就是后世所谓竹轿，亦称竹舆笥舆。此舆已全作轿解，与车是异义了。按：《史记·张耳传》有云："上使泄公持节问贯高箯舆前。"注云："编竹木为舆，亦曰笥舆。"则不知正如后世用人舁的否？否则汉时也已有了。

以上略说由辇舆改变为人舁的轿的大略，然其时犹无轿名。至南宋中兴，始有轿称，如《宋史·舆服志》云：

中兴后，人臣无乘车之制，从祀则以马，常朝则以轿。旧制舆檐有禁，中兴东征西伐，以道路险阻，诏许百官乘轿，王公以下通乘之。其制正方，饰有黄黑二等，凸盖无梁，以篾席为障，左右设牖，前施帘，舁以长竿二，名曰竹轿子，亦曰竹舆。

这轿其实由竹舆改称而已，可知竹舆到那时又称为轿了，所以宋张端义《贵耳集》亦云：

自渡江以前，无今之轿，只是乘马，所以有修帽护尘之服，士皆服衫帽凉衫。思陵在维扬，一时扰乱中遇雨。传旨百官许乘肩舆，因循至此，故制尽泯。今台谏出台亲事官，用凉衫略展登轿，尚存旧制，他无复见之。

于是更可见轿确起于南宋时的。在南宋以前，则统称为舆，明王圻《三才图会》所谓：“古称肩舆腰舆版舆兜子，即今轿也。”唐时又称为“檐”，如《新唐书·车服志》云：“开成末，定制宰相三公师保尚书令仆射诸司长官及致仕官疾病，许乘檐，如汉魏载舆步舆之制。”按：檐通担，当读担音，盖肩上负担之意。

到了后来，轿遂为人所熟知，但乘轿却也有许多规定，不能随便乘坐的，一如古的车舆。如《明史·舆服志》云：

洪武六年，令凡车轿禁丹漆，妇女许坐轿，官民老疾者亦得乘之，景泰四年，令在京三品以上得乘轿。弘治七年，令文武官例应乘轿者以四人舁之，其五府管事，内外镇守守备，及公侯伯都督等不问老少，皆不得乘轿，盖自太祖不欲勋臣废骑射，虽上公出必乘马。

可知乘轿只限文职，且在三品以上，庶民则以老疾者为限。但后来当然也有阳奉阴违的，如清孙承泽《春明梦馀录》云：

明初虽公侯不得乘轿。万历中四品官以下俱用两人肩舆，稍显者或用四人帷轿，然置棍于后，示不敢也。后至魏忠贤执政，以御史林一鹗从舆上责内使，遂严禁焉。崇祯初，给事傅櫆以请，上不允。御史郁成治遂请自御史骢马之外，余不能雇马者用竹小兜，上以其欺诰责谪之。

惟轿毕竟以人代畜而行，所以到了现在，大都市已经废绝，仍山乡中还有的了。

一七 乘骑

Carriages

古时以马驾车，故昔人以为初不骑马。至六国时，赵武灵王胡服骑射，始有乘骑的事，如《礼记·曲礼》"前有车骑"，注云："古人不骑马，故经典无言骑。今言骑，是周末时礼。"周末即指六国时也。又宋吴曾《能改斋漫录》亦云：

《春秋左氏传》昭公二十五年："左师展将以公乘马而归。"杜预注曰："欲与公轻归。"宋刘炫谓："左师展将以公乘马而归，欲共公单骑而归，此骑马之渐也。"予按，古者服牛乘马，马以驾车，不单骑也。至六国之时，始有单骑，苏秦所谓"车千乘，骑万匹"是也。《曲礼》云"前有车骑"者，《礼记》乃汉世书耳，经典并无骑字。

皆云骑马的事，始于周末。但如清顾炎武《日知录》云：

《诗》云：『古公亶父，来朝走马。』古者马以驾车，不可言走。曰走者，单骑之称。古公之国，邻于戎翟，其习尚有相同者，然则骑射之法，不始于赵武灵王也。

亦不始于春秋也。

又如毛奇龄《西河文集》云：

人多因《易》《书》《诗》无骑字，遂谓古人不骑马，骑字是战国以后之字。然则六经无髭髯字，将谓汉后人始生髭髯乎？今《四子书》中如滕文公之驰马，孟之反之策其马，子华之乘肥马，子路之愿车马等语，历历可证古人之骑马。且夫子曰：『吾犹及有马者，借人乘之。』是人之骑，其来尚矣。又况鞍的勒靷，已造于禹时之奚仲，古人若不单骑，何需此鞍的勒靷为哉？

皆云骑马实自古已然，顾氏疑始自外方，毛氏则直认为我国所自有。惟此种骑马，当时实不盛行，以迄于唐，骑马还认为非法，如《新唐书·刘子玄传》云：

子玄迁太子左庶子兼崇文馆学士，皇太子将释奠国学，有司具仪，从臣著衣冠乘马。子玄议：『古大夫以上皆乘车，以马为騑服。魏晋后以牛驾车。江左尚书郎辄轻乘马，则御史劾治；颜延年罢官乘马，出入闾里，世称放诞。此则乘马宜从亵服之明验。今陵庙巡谒，王公册命，士庶亲迎则盛服冠履乘辂车；他事无车，故贵贱通乘马。比法驾所幸，侍臣皆马上朝服。且冠履惟可配车，故博带褒衣，革履高冠，是车中服。袜而镫，跣而鞍，非惟不师于古，亦自取惊流俗，马逸人颠，受嗤行路。』太子从之，著为定令。

是当时虽贵贱通乘马，然刘氏认为不师于古，非改革不可。由此可知骑马至唐，实很盛行，不若古时的稀有了。按：《新唐书·车服志》有云："王公车路藏于太仆，受制行册命巡陵昏葬则给之，余皆以骑代车。"可知唐时本以骑为常，车则非大礼是不用的。又《通典》云："玄宗以辇不中礼，废而不用。开元十一年冬，祀南郊，乘辂而往，礼毕骑还，自是行幸郊祀皆骑于仪仗之内，其五辂腰舆陈于卤簿而已。"可知后来即大礼也用骑了，车仅具为一种形式上的装饰品。至宋时则文武百官均一律乘马，自南渡后方改乘轿，如宋赵彦卫《云麓漫抄》云：

故事百官入朝并乘马。政和三年十二月十一日，以雪滑，特许暂乘车轿，不得入宫门，候路通依常制。自渡江后方乘轿，迄今不改。

以后至于明清，武职还以骑马为常事，直到现在，还是如此。

一八 舟楫

Boats and Ships

舟，现在皆称为船，经书中多称舟，字本象形。《释名》以为："舟言周流也；船循也，循水而行也。"其字义实无分别。汉扬雄《方言》则谓："舟，自关而西谓之船，自关而东或谓之舟，或谓之航。"是称舟称船，乃方言的不同。大抵汉以前多称为舟，汉以后始于称舟之外又称为船。至《越绝书》云"阖闾见子胥敢问船运之备何如"，则以《越绝书》作者为汉人袁康，恐未足信。

舟为何人所创始，那说法真是多极了。《山海经》以为"鲧生禺号，禺号生淫梁，淫梁生番禺，是始为舟"，墨子以为"工锤作舟"，《吕氏春秋》以为"虞姁作舟"，汉刘向《世本》以为"黄帝臣共鼓货狄刳木为舟"，晋束皙《发蒙记》以为"伯益作舟"，宋刘恕《通鉴外纪》又以为"黄帝命共鼓化狐刳木为舟"，那化狐一定又是货狄的讹书了。这些究竟谁是谁非，我们当然不能确定，倒不如像《易系解》所说"刳木为舟，剡木为楫。盖取诸涣"来得直截了当，舟楫是从刳木和剡木而来的，它的意义取之于涣卦，有散难释险之意，这样也就够了，定何必

舟楫 舟，现在皆称为船，经书中多称舟，字本象形。《释名》以为：“舟言周流也；船循也，循水而行也。”其字义实无分别。

要找一个首创人呢！

同样是舟是船，它的种类也就不少，因此就有各种各样的名称，兹择其习闻的，并船上各部分的名称，如《方言》所云：（非今所常称者不录）

舟，自关而西谓之船，自关而东或谓之舟，或谓之航；南楚江湘凡船大者谓之舸，小舸谓之艖，艖小谓之艇。楫谓之桡，或谓之櫂。所以隐櫂谓之㯿（即桨），所以悬櫂谓之缉，所以刺船谓之檔（即篙），维之谓之鼎。首谓之閤闾，或谓之艗艏，后曰舳，舳制水也。

又如《释名》云：

船其尾曰柂（即柁），柂拖也，后见拖曳也，且弼正船使顺流不使他戾也。在旁曰橹，橹膂也，用膂力然后舟行也。引舟者曰筰，筰作也，作起也，起舟使动行也。在旁拨水曰櫂，櫂濯也，濯于水中也，且言使舟櫂进也，又谓之札，形似札也，又谓之楫，楫捷也，拨水使舟捷疾也。所用斥旁岸曰交，一人前，一人还，相交错也。帆，泛也，随风张幔曰帆，使舟疾泛泛然也。狭而长曰艨冲，以冲突敌船也。上下重床曰舰，四方施板以御矢石，其内如牢槛也。五百斛以上还有小屋曰斥候，以视敌进退也。三百斛曰䑳，䑳貂也，貂短也，江南取名短而广，安不倾危者也。二百斛以下曰艇，其形径梃一人，一人所行也。

观此两节文字，可以知船的一斑了。惟现在还有称舫的，如画舫之类。按：舫古以为两船相并，或云编竹木的筏，见《尔雅注》。又称海船为舶，那是后有的字，《广韵》以为"海中大船"，《集韵》以为"蛮夷泛海舟曰舶"，是舶乃译音新造的字，非我国所原有。

中国古代的船，皆用木制。其著名者，如王濬的楼船、隋炀帝的龙舟，皆为古今所羡称的。楼船如《晋书·王濬传》云：

武帝谋伐吴，诏濬修舟舰。濬乃作大船连舫，方百二十步，受二千余人。以木为城，起楼橹，开四出门，其上皆得驰马来往。又画鹢首怪兽于船首，以惧江神。舟楫之盛，自古未有。濬造船于蜀，其木柹蔽江而下。

舟楫 《方言》云："舟，自关而西谓之船，自关而东或谓之舟，或谓之航；南楚江湘凡船大者谓之舸，小舸谓之艖，艖小谓之艇。"

一船可容两千人，而且船上可以驰马，那真和现在大兵舰相差不多了。但宋邵博《闻见后录》却不信以为真，他说："古八尺为步，一百二十步为九十六丈。江山无今昔之异，今蜀江曲折，山峡不一，虽盛夏水暴至，亦岂能回泊九十六丈之船？及冬江浅，势若可涉，寻常之船，一经滩碛，尚累日不能进，而王濬以咸宁五年十一月，自益州浮江而下，决不可信。"这话也有其理由，不过王氏所造，总比其他来得硕伟罢！至于隋炀帝的龙舟，那不但是硕伟，而且是富丽，即如现在外国的头等邮船，恐怕也不过如此罢！如唐杜宝《大业杂记》云：

炀帝幸江都，次洛口，御龙舟。皇后御翔螭舟。其龙舟，高四十五尺，阔五十尺，长二百尺，四重。上，一重有正殿内殿东西朝堂，周以轩廊。中，二重有一百六十房，皆饰以丹粉，装以金碧珠翠，雕镂奇丽，缀以流苏羽葆，朱丝网络。下，一重长秋内侍又乘舟水手。以素丝大绦绳六条，两岸引进，其引船人普名殿脚，一千八十人，并著杂锦彩妆袄子行缠鞋袜等。每绳一条八十人，分为三番，每一番引舟有三百六十人。其人并取江淮以市少壮者为之。

至于自皇后以下所乘的舟前后相接，竟长至二百余里，古今中外，可谓殆无其匹，兹亦引前书所记如下：

皇后御次水殿名『翔螭舟』，其殿脚有九百人。又有小水殿九，名『浮景舟』，并三重朱丝网络。已下殿脚为两番一艘，一番一百人，诸妃嫔所乘。又有大朱航三十六，名『漾彩船』，并两重加网络，贵人美人所乘，及夫人所乘，每一艘一番，殿脚百人。又有『朱鸟航』二十四艘，『苍螭航』二十四艘，『白虎航』二十四艘，『玄武航』二十四艘，并两重，架船人名为船脚，为两番，一艘一番六十人。又有『飞羽舫』六十艘，一重，一艘一番四十人。又有『青凫舸』十艘，『凌波舸』十艘，宫人习水者乘之。往来供奉及船脚四万余人。有『五楼船』五十二艘，诸王公主及三品以上坐，给黄衣夫艘别四十人。『三楼船』一百二十艘，四品官人及四道场玄坛僧尼道士坐，给黄衣夫船别三十人。又有『二楼船』二百五十艘，五品以上及诸国番官乘，黄衣夫舟别二十五人。『板榻』二百艘，载羽仪服饰百官供奉之物，黄衣夫船别二十人。『黄篾舫』二千艘，六品以下九品以上从官，并及五品以上家口坐，并船引给黄衣夫十五人。以上黄衣夫四万余人。又有『平乘』五百艘，『青龙』五百艘，『艨艟』五百艘，『八櫂舸』二百艘，『舴艋舸』二百艘，并十二卫兵所乘，并载兵器帐幕，兵士自乘不给夫。发洛口部五十日乃尽。舳舻相继二百余里。骑兵翊两岸二十余万。每行次诸部界五百里之内，竞造食献，多者一舟百舁。于时天下丰乐，虽此差科，未足为苦。文武百司并从，别有步骑十余万，夹两岸翊舟而行。

此种盛况，后世殆未再闻。至宋时则有龙船之戏，亦后代所稀有，并附于后，以见古时对于船的种种盛况。宋孟元老《东京梦华录》云：

驾先幸池之临水殿，锡宴群臣。水戏呈毕，又有小龙船二十只，上有绯衣军士各五十余人，各设旗鼓铜锣。船头有一军人校舞旗招引，乃虎翼指挥兵级也。又有虎头船十只，上有一锦衣人，执小旗立船头上。余皆著青短衣，长顶头巾，齐舞棹乃百姓卸在行人也。又有『飞鱼船』二只，彩画间金，最为精巧。上有杂彩戏衫五十余人，间列杂色小旗绯伞，左右招舞，鸣小锣鼓铙铎之类。又有『鳅鱼船』二只，止容一人撑划，乃独木为之也。诸小船竞诣奥屋，牵拽『大龙船』出诣水殿，其小龙船争先团转翔舞，迎导于前。其虎头船以绳牵引龙舟。大龙船约长三四十丈，阔三四丈，头尾鳞鬣，皆雕镂金饰，楻板皆退光。两边列十閤子，充閤分歇泊。中设御座，龙水屏风。楻板到底深数尺，底上密排铁铸大银样如桌面大者，压重庶不欹侧也。上有层楼，台观槛曲，安设御座。龙头上人舞旗。左右水棚排列六桨。宛若飞腾，至水殿，舣之一边。水殿前至仙桥，预以红旗插于水中，标识地分远近。所谓小龙船列于水殿前，东西相向虎头飞鱼等船，布在其后，如两阵之势。须臾，水殿前水棚上一军校以红旗招之，龙船各鸣锣鼓出阵，划棹旋转，共为圆阵谓之旋罗。

水殿前又以旗招之，其船分而为二。各圆阵，谓之海眼。又以旗招之，两队船相交互，谓之交头。又以旗招之，则诸船皆列五殿之东，面对水殿，排成行列，则有小舟一军校，执一竿，上挂以锦彩银碗之类，谓之标竿，插在近殿水中。又见旗招之，则两行舟鸣鼓并进，捷者得标，则山呼拜舞。并虎头船之类，各三次争标而止。其小船复引大龙船入奥屋内矣。

这好像现代的兵舰演习，不过具体而微罢了。此外江中渡船今多称为“满江红”的，却也有个来历。明董穀《碧里杂存》云：

我圣祖居和阳时，欲图集庆，遂与徐公达间行买舟，以觇江南虚实，至江口，适值岁除，呼舟人无肯应者。有贫叟夫妇二人，舟尤小，欣然纳之曰：『天晚矣，明日早渡。』且进鸡酒具黍，情甚厚。厥明发舟，老叟举櫂，口中打号子曰：『圣天子六龙护驾，大将军八面威风。』圣祖元旦得此吉语，喜甚，与中山蹑足相庆。登极后访得之，无子，官其侄，并封其舟而朱之，以故迄今江中渡船皆谓之满江红云。

可知始于明初的，其事可信无疑，盖明太祖为人，往往很重视他微时的细节。

以上所说，都是过去的木船。至于现今，则轮船是尚。按：以轮为船，我国古时亦曾有过，如《南史·祖冲之传》云："冲之以诸葛亮有木牛流马，乃造一器，不因风水，施机自运，不劳人力；又造千里船于新亭江试之，日行百余里。"又如《宋史·岳飞传》云："杨么负固不服，方浮舟湖中，以轮激水，其行如飞。"又如《元史·阿朮传》云："宋裨将张顺张贵装军衣百船，自上流入襄阳。阿朮攻之，顺死，贵仅得入城，俄乘轮船顺流东走。"可是其法不传，使后人无以明其真相。今之轮船，最初又称为火轮或汽船，盖纯用蒸汽机而行动的，为美国人富尔顿（Robert Fulton）于一八〇七年所创造。其传入我国，当在五口通商之时。《清史稿·交通志》记述颇详，兹摘录如下：

自西人轮船之制兴，有兵轮，有商轮。其始仅往来东西洋各国口岸而已。中国自开埠通商而后，与英吉利订《江宁条约》(即《南京条约》——编者注)，而外轮得行驶海上矣；续与订《天津条约》，而外轮得行驶长江矣。同治十一年，直隶总督李鸿章建议设轮船招商局，是年冬成立，以知府朱其昂主其事，道员盛宣怀佐之。初仅轮船三艘；嗣承领闽沪两厂，购之英国，增至十二艘；迨购入旗昌轮船十八艘，遂与英商太古怡和，并称三公司。招商局轮船航行各埠，悉自沪，驶行长江者曰江轮，驶行海洋者曰海轮，时统名之为大轮。其与大轮并行于内江外海，或驶行大轮所不能达之处，则有小轮。光绪初，商置小轮之行驶，仅限于通商口岸。至三十年，则小轮公司渐推渐广，滨海之区，轮樯如织，随处可通。

由此可以知我国轮船发达的情形。至如清黄协埙《淞南梦影录》所云：

台州董紫珊司马素精西学，谓当别创一法，可废煤而用气。西士皆目笑之，弗顾也，灵思默运，惨淡经营，阅数寒暑，遂克告成，名曰混沌。未几驶至采石矶，触礁沉没，因略变其制，就高昌庙制造局更制一船，名曰混初。船身长六丈，吃水五尺余，一下钟可行江面四十里。惟全系木质造成，一遇大海狂涛，时虞掣肘耳。

则不知究用何法制造，惜今不传，否则大可研究一下的。

一九 邮电

Post and Telecommunications

愿意等您

邮,《说文》所谓"境上传书舍也",这正如现在的邮局,但范围没有像现在的广。此制周时已有,所以孟子曾说:"德之流行,速于置邮而传命。"置实在也是邮,《风俗通》云:"汉改邮为置,置者,度其远近之间置之也。"此传有步传马传,《增雅》以为:"马传曰置,步传曰驿。"其实驿如《说文》所说"驿,置骑也",那也是马传;《广雅》也谓"邮,驿也;置,亦驿也",实际两者并无分别,大约有马处则用马,无马则用步。后来便以邮驿所止之处称之为驿,《玉海》所谓"邮骑传递之馆在四方者谓之驿"。这种邮驿,历代制度不一,像唐时据《唐六典》云:"驾部郎中掌天下传驿,凡三十里一驿,天下凡一千六百三十九所,水驿一千二百九十七所。(陆驿八十六所,水陆相兼。)"

至于现在邮政,虽源于古之邮传,但规模已大加改革,所以是新兴的交通事业。《清史稿·交通志》中曾云:

昔者车行日不过百里，舟则视风势水流为迟疾，廷寄军书，驿人介马，竢尽日夕，行不过六七百里已耳。今则京汉之车，津沪之舟，计程各二三千里而遥，不出三日，邮之附舟车以达者如之。

可知今之邮政与昔之邮传，相去得很远了。此种邮政的开办，《交通志》述之綦详，兹节录如下：

海国大通以来，异域侨民，恒自设信局。光绪二年，总税务司英人赫德，建议创办邮政。四年，始设送信官局于北京、天津、烟台、牛庄、上海，以赫德主其事。九江、镇江亦继设局，是为中国试办邮政之始。十六年，命通商口岸推广举办。二十二年，正式成立官邮政局，自是遍通全国，上下交受其利。其邮局则总局、副总局、分局、支局、代办处，总计六千二百又一。其邮路里数则邮差邮路、民船邮路、轮船邮路、火车邮路，总计三十八万一千里，每面积百里，通邮线路七里又四九，此据宣统三年统计也。

是中国之有正式邮局，始于一八九六年，距现在不过五十年罢了。至于未成立以前，像上海一区，早由外人设立书信馆以传递信件，如《上海研究资料》所云：

上海书信馆创办于一八六五年八月一日，系公共租界工部局设立专理本地信件递送事务，同时发行邮票及明信片等物。总馆在现今的四川路，分馆在城内大东门大街。信箱分设租界内各地，最盛时计共二十三处；并于福州、厦门、汕头等地设有代办所。一八九六年中国正式邮局成立，该馆即于翌年十月三十一日结束，移交中国邮局办理。总计书信馆发行的邮票不下一百八十余种，明信片亦有十余种，概在英国印刷。

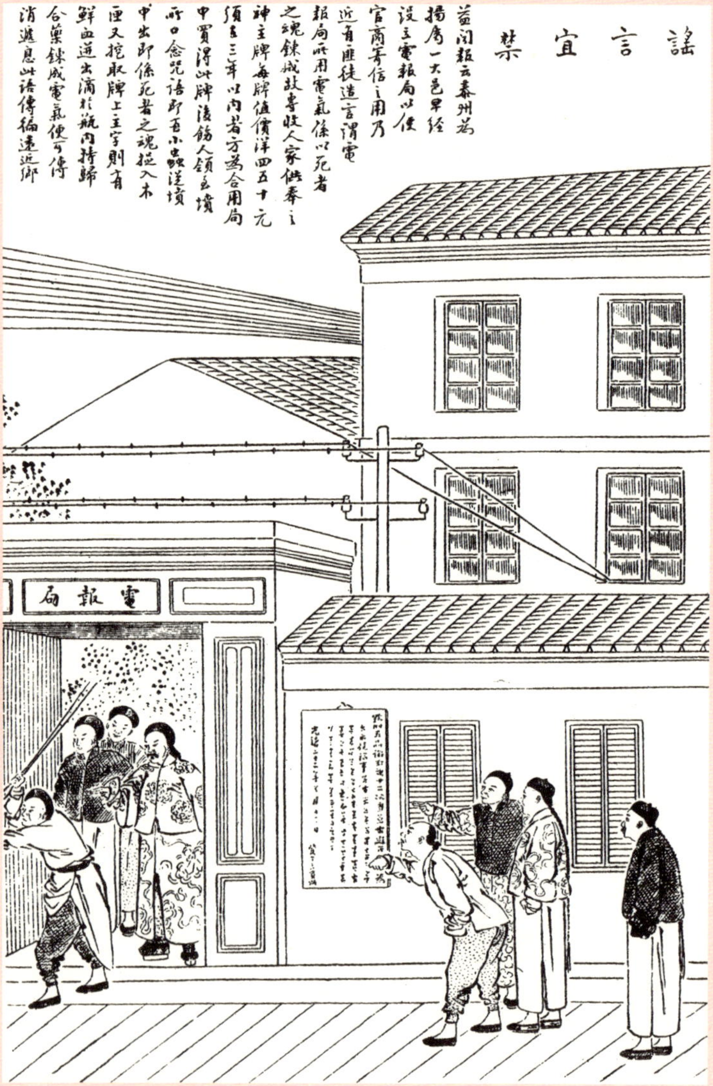

邮电 是中国之有正式邮局，始于一八九六年……至于未成立以前，像上海一区，早由外人设立书信馆以传递信件。

按：当时邮资平信为四十文，明信片为二十文，我国邮局正式成立后，每信亦取银四分云。

同样与邮递更速为通信工具的电报，却较早于邮局成立的前十五年。据《清史稿·交通志》云：

电报之法，自英吉利人初设于其国都，推及于印度，再及于上海。先是同治间，英使阿礼国，请设电线于中国境内，力拒之，乃已。九年，其使臣威妥玛复申前议，易陆线为水线，自广州经闽浙以达上海，争之数月，卒如所请。嗣是香港海线循广州达天津，陆线达九龙；而丹国陆线亦由吴淞至沪上，骎骎有阑入内地之势。天津道盛宣怀言于直隶总督李鸿章，宜仿轮船招商之例，醵集商股，速设津沪陆线，以通南北两洋之邮，遏外线潜侵之患；并设电报学堂育人材，备任使。鸿章韪之，明年疏言报可，逾年工竣，以宣怀董其事，时光绪七年也。自时厥后，各省咸知电报之利，或本无而创设，或已有而引伸。其尤要之区，则陆线水线兼营，正线支线并设，纵横全国，经纬相维，直苏粤桂滇鲁鄂诸省，设局多至二十余所，余省亦十余局或数局有差。三十四年，邮传设部已二年，将以全国电局为实行部辖之计，邮传部尚书陈璧疏言收回商股，奏入允行，此后即全归国有矣。

按：电报机创作的人虽很多，但现今所使用的，则为美国人模斯（现译为莫尔斯——编者注）（Samuel Finley Breese Morse）于一八四四年所首创成功的。所以距我国的设置为一八八一年，已有三十多年了。至于无线电报的设置，《交通志》中未见载及，据《上海研究资料》，则“第一架无线电报机安设于一九〇八年，是年吴淞至崇明岛的海底电线既有毁损，江苏省当局乃以官款组织淞崇无线电报局经营之”。又云：“第一架外人无线电报机亦安设于一九〇八年，上海汇中旅馆所置。当时舆论沸腾，谓其侵害主权，遂由邮传部向英公使交涉，结果于一九〇九年由我政府收买，拨归上海电报局管理。”

其次与电报有同样效用则为电话，初名德律风，盖译西文Telephone的原音。最早先设于上海，后始普及于各埠。据《上海研究资料》云：“第一次经营电话者，为大北电报公司在一八八一年。”惟黄协埙《淞南梦影录》则云在壬午（1882年）季夏，他说：

上海之有德律风，始于壬午季夏。其法沿途竖立木杆，上系铅线二条，与电报无异；惟其中机括，则迥不相同。传递之法，不用字母拼装，只须向线端传语，无异一室晤言。据云十二点钟内，可传遍地球五大洲，盖藉电通流，故能迅速若此也。其初有英人皮晓浦，在租界试行，分设南北二局，南在十六铺，北在正丰街。如欲邀人对谈，只费青蚨如同命驾畚之数。嗣以经费不敷，不久遂废。癸未春，经天主教司铎能慕谷重设，由徐家汇达英法两界各洋行，以便预报风雨消息。闻此法由欧人名德律风者所创，故即以其名命之云。

此述上海设电话之情形颇详，当较可信。《资料》所云当是最初的尝试，还未向外普及的。至云电话为德律风所创，乃黄氏传闻之误，实为英国人柏尔（现译贝尔——编者注）（Alexander Graham Bell）于一八七六年所发明的，所以距我国的装置，不过五六年而已。至中国当局正式令各地装置电话，以挽利权的，则为光绪二十五年（1899年），盛宣怀所奏行，《清史稿·交通志》云：

电话初曰德律风，二十五年宣怀疏言：『德律风创自欧美，入手而能用，著耳而得声，坐一室而可对百朋，隔颜色而可亲謦欬，此亘古未有之便宜，故创行未三十年，遍于各国。其始止达数十里，现已可通数千里。新机既辟，不可禁遏。中国之有德律风也，自英人设于上海租界始，近年各处通商口岸，洋人纷纷谋设。电报公司竭力坚拒，但恐各国使臣将赴总理衙门要求，又滋口舌，一经应允，为患甚巨。现在官款恐难筹措，臣与电报各商董再四熟筹，惟有劝集华商资本，自办德律风，与电报相辅而行。自通商各口岸次第开办，再以次及于省会各郡县，庶可杜彼族觊觎之谋，保全电报已成之局。』报可，自是京师、天津、上海、奉天、福州、广州、江宁、汉口、长沙皆设之。

二〇 航空

Aviation

时至现今，交通事业除水陆外，尤注重于航空。考世界之有航空事业，实为近四十年间的事。其初发明的为飞艇，后则乃有飞机。而飞艇飞机发明的原理，实如我国古时的飏灯与纸鸢，所以我国虽未发明航空机器，而航空思想，实在早已有之的。如近人厉汝燕《世界航空之进化》云：

十八世纪间世人之视航空事业，犹如梦想耳。今日以军事论，为陆海军之耳目；以交通论为将来缩地之利品。人谓航空机器，不过近年发明之异器，吾以为否也，盖航空思想，存诸人类脑筋中，已非一日矣。我国古有之孔明灯，俗名飏灯者，即为今日气艇之鼻祖；世传之纸鸢，又名风筝者，即为今日飞机之先导。当此二物初发明之时，在发明者未尝不存一游空中之念也。欧美诸国，文化极迟，初无此种思想；迨后文化渐开，创航空之说者，亦不乏人，十六世纪间，意大利发明家某，以禽羽制成大翼而翔空，又意大利人立那多创制真空球，以资上升。二者虽皆经实试而未果，然其航空之欲望，已可见一斑。至十七世纪，科学渐次进步，思想亦渐次发达，有仿我国之孔明灯而研究改良者，有按风筝之理而制造翅翼以资翔空者，各创一说，不胜枚举。当时最得有成绩者，为法之孟的哥尔发(现译为蒙哥尔费——编者注)氏之热气球(即为我国颺灯之大者)，德之米温氏之飞行器，按风筝学理，而计算空气之浮力焉。

据此则今日的航空事业，实皆渊源于我国飏灯与纸鸢的原理。按：飏灯创始不详，宋范成大《上元纪吴下节物诗》有云“掷烛腾空稳”，自注“小球灯时掷空中”。当与飏灯相似。至纸鸢造作甚古，宋高承《事物纪原》以为“韩侯为陈豨造量未央宫之远近”，是汉时已有了的。按：飞艇虽早有制造，但以一九〇八年德国人齐伯林（Count Ferdinand von Zeppelin）所造为最成功。飞机也有许多人实验，但都没有具体的成功，直到一九〇〇年，美国来德（现译为莱特——编者注）兄弟（Wilbur and Orville Wright）所造的飞机，才算真正的成功了。

至于我国的有航空事业，实始于清末，至今不过三十余年的事。其由来情形，近人叶恭绰氏《五十年来中国之交通·航空篇》曾云：

我国航空事业，实始于一九一一年，是时仅有法国沙麦式双翼飞机一架，在南苑设一飞机试行工场，以资演习。一九一三年添购奥国爱特立克式双翼飞机二架，嗣后参谋部又向法国订购高德隆单翼式飞机十二架，乃改工场为航空学校，招生

航空

《世界航空之进化》云："当时最得有成绩者，为法之孟的哥尔发（现译为蒙哥尔费——编者注）氏之热气球（即为我国飏灯之大者），德之米温氏之飞行器，按风筝学理，而计算空气之浮力焉。"

教练，造就飞行人员，以为将来办理航空事业之用，前后毕业者将及百人。自是以降，政府渐知领空权之不可失，且知航空与军事交通有重要之关系，颇有大加扩充之意，遂于八年订购商用维克式飞机百五十架，特设航空事务处，以丁锦为处长。并改航空学校为航空教练所，而统属于参谋部。当是时，交通部亦设一航空事宜筹备处，而以丁士源为处长，购备大号飞机六架。两处事权不一，时有争议，迨直皖战后，始将交通部所设筹备处撤销，而归并于事务处，且改隶于国务院焉。厥后又改航空事务处为航空事务署，编定官制，规模益宏。可惜经费不足，未能开办海陆军飞行，遂拟先从商务飞行入手。而商务飞行，又拟先从京沪航线入手，乃于一九二〇年十一月，在航空署内设一筹办京沪航空委员会，分经画执行两组，以专责任而策进行。本线横贯黄河长江两大流域，计长二千五百四十二里，设北京、天津、济南、徐州、南京、上海六航站，又于马厂、大汶口、南沙河、任桥、板桥、镇江、苏州七处各设一备用飞行场。关于各场站建筑工程，自是岁十二月二十八日起，以次开办，至一九二一年五六月间，北京至济南各场站先后告成，乃决于七月一日先办京济飞航。是日所用飞机为正鹄号，由英国人培德孙氏任驾驶之责，自午后四时三十分开往济南，次日上午遄返北京，往来稳速，成绩尚佳，此为我国初次办理航空之大概情形也。

此犹为初十年间的事，到了现在，已突飞猛进，与往日不可同日而语了。

附录

Appendix

历代居室车舆制度，正史中所载殊繁，然大抵关于帝王方面。本书所谈均为日常事物，故类此者仅能详其初制如何，此后即不复辑录，阅者鉴之！

一　历代居室制度辑略

上古穴居野处，至后世始有宫室。

《易·系传》："上古穴居而野处，后世圣人易之以宫室，上栋下宇，以待风雨，盖取诸《大壮》。"《礼记·礼运》："昔者先王未有宫室，冬则居营窟，夏则居橧巢。后圣有作，然后修火之利，范金合土，以为台榭宫室牖户。"

尧时虽传有宫室，然极简陋。

《六韬》："帝尧王天下，宫垣屋室不垩，甍桷椽楹不斫，茅茨偏庭不剪。"《史记》："尧之有天下也，堂高三尺，采椽不斫，茅茨不剪。"

夏殷宫室之制始备。

《考工记》:"夏后氏之世室,堂修二七,广四修一。五室三四步,四三尺。九阶,四旁两夹窗,白盛。门堂三之二,室三之一。殷人重屋,堂修七寻,堂崇三尺,四阿重屋。"注:"世室者宗庙也。修,南北之深也,夏度以步,令堂修十四步。其广益以四分修之一,则堂广十七步半。五室象五行也,三四步室方也,四三尺以益广也。此五室居堂南北六丈,东西七丈。九阶南面三,三面各二。每室四户八窗。白盛,蜃灰也,以蜃灰垩墙。门堂门厕之堂,取数于正堂。令堂如上制,则门堂南北九步二尺,东西十一步四尺。两室与门,各居一分。重屋者,王宫正堂若大寝也。其修七寻,五丈六尺。四阿,若今四柱屋。"

周时宫室制度,更为完备。

《考工记》:"周人明堂度九尺之筵,东西九筵,南北七筵,堂崇一筵。五室凡室二筵,室中度以几,堂上度以筵,宫中度以寻,野度以步,涂度以轨。庙门容大扃七个,闱门容小扃参个,路门不容乘车之五个,应门二彻参个。内有九室,九嫔居之。外有九室,九卿朝焉。"注:"明堂者,明教之堂。周度以筵。大扃牛鼎之扃,长三尺,每扃为一个,七个二丈一尺。庙中之门曰闱。小扃彤鼎之扃，长二尺，参个六尺。路门者大寝之门。乘车广六尺六寸，五个三丈三尺，言不容者，则此门半之丈六尺五寸。正门谓之应门，谓庙门也。二彻之内八尺，三个二丈四尺。"

自天子以至庶人，各有定制。

《礼记·礼器》："天子之堂九尺，诸侯七尺，大夫五尺，士三尺，天子诸侯台门。"又《内则》："天子之阁左达五，右达五，公侯伯于房中五，大夫于阁三，士于坫一。"疏："宫室之制，中央为正室，左右为房，房外为序，序外有夹室。天子尊庖厨远，故左夹室五阁，右夹室五阁。诸侯卑庖厨，宜稍近，故于房中，唯在一房之中而五阁也。大夫卑而无嫌，故亦于夹室而三阁。士卑不得作阁，但于室中为土坫以庋食。五者三牲之肉及鱼腊，三者豕鱼腊也。"又《儒行》："儒有一亩之宫，环堵之室，筚门圭窬，蓬户瓮牖。"《诗经·七月》："我稼既同，上入执宫功，昼尔于茅，宵尔索绹，亟其乘屋，其始播百谷。"注："宫，邑居之宅也。古者民受五亩之宅，二亩半为庐在田，春夏居之；二亩半为宅在邑，秋冬居之。功，葺治之事也。"《尔雅》："宫谓之室，室谓之宫。"疏："古者贵贱所居，皆得称宫，故《礼记》曰：由士命以上，父子皆异宫。又《丧服传》：继父为其妻前夫之

居住交通

子筑宫庙。是士庶人皆有宫称也；至秦汉以来，乃定为至尊所居之称。"

秦汉至隋，制度未详。唐时虽有规定，然事不遂行。

《新唐书·车服志》："文宗即位，以四方车服僭奢，下诏王公之居不施重栱藻井。三品堂五间九架，门三间五架。五品堂五间七架，门三间两架。六品七品堂三间五架。庶人四架，而门皆一间两架。常参官施悬鱼对凤瓦兽通栿乳梁。诏下，人多怨者，京兆尹杜悰条易行者为宽限，而事遂不行。"《稽古定制》："唐制凡王公以下屋舍不得施重栱藻井。三品以上堂舍不得过五间九架，仍听厦两头，门屋不得过三间五架。五品以上堂舍不得过五间七架，听厦两头，门屋不得过三间两架，仍通作乌门。六品七品以下堂舍不得过三间五架，门屋不得过一间两架。非常参官不得造抽心舍，施悬鱼瓦兽乳梁装饰。其祖父舍宅，门荫子孙，虽荫尽听依旧居住。王公以下及庶人第宅，皆不得造楼阁临人家。庶人所造房舍，不得过三间四架，不得辄施装饰。"

宋制亦略如唐。

《宋史·舆服志》："臣庶室屋制度，宰相以下治事之所曰省曰台曰部曰寺曰监曰院，在外监司州郡曰衙。在外称衙，而在内之公卿大夫士不称者；按：唐制天子所居曰衙，故臣下不得称，后在外藩镇亦僭曰衙，遂为臣下通称。今帝居虽不曰衙，而在内省部寺监之名，则仍唐旧也。然亦在内者为尊者避，在外者远君无嫌欤？私居执政亲王曰府，余官曰宅，庶民曰家。诸道府公门得施戟，若私门则爵位穹显经恩赐者许之。在内官不设，亦避君也。凡公宇栋施瓦兽，门设梐枑，诸州正牙门及城门并施鸱尾，不得施拒鹊。六品以上宅舍许作乌头门。父祖舍宅有者，子孙许仍之。凡民庶家不得施重栱藻井，及五色文采为饰，仍不得四铺飞檐。庶人舍屋许五架门一间两厦而已。"《稽古定制》："宋制凡屋舍非邸店楼阁临街市之处，毋得为四铺，作闹斗八，非品官毋得起门屋，非宫室寺观毋得彩画栋宇及朱黝漆梁柱窗牖，雕镂柱础。"按：斗八即藻井，亦即今俗所谓天花板也。

明时百官庶民宅舍，均严有规定，其制繁于前代。

《明史·舆服志》："百官第宅，明初禁官民房屋，不许雕刻古帝后圣贤人物，及日月龙凤狻猊麒麟犀象之形。凡官员任满致仕，与见任同。其父祖有官身殁，子孙许居父祖房舍。洪武二十六年定制，官员营造房屋，不许歇山，转角，重檐重拱，及绘藻井，惟楼居重檐不禁。公侯前厅七间两厦九架，中堂七间九架，后堂七间七架，门三间五架，用金漆及兽面锡环。家庙三间五架，覆以黑板瓦，脊用花样瓦兽，梁栋斗栱檐桷彩绘饰，门窗枋柱金漆饰，廊庑庖库从屋不得过五间七架。一品二品厅堂五间九架，屋脊用瓦兽，梁栋斗栱檐桷青碧绘饰，门三间五架，绿油兽面锡环，三品至五品厅堂五间七架，屋脊用瓦兽，梁栋檐桷青碧绘饰，门三间三架，黑油锡环。六品至九品厅堂三间七架，梁栋饰以土黄，门一间三架，黑门铁环。品官房舍门窗户牖，不得用丹漆。功臣宅舍之后，留空地十丈，左右皆五丈，不许那（挪）移。军民居止，更不许于宅前后左右多占地构亭馆，开池塘，以资游眺。三十五年申明禁制，一品三品厅堂各七间，六品至九品厅堂梁栋只用粉青饰之。庶民庐舍，洪武二十六年定制不过三间五架，不许用斗栱饰彩色。三十五年复申禁饬，不许造九五间数房屋，虽至一二十所，随其物力，但不许过三间。正统十二年令稍变通之，庶民房屋架多而间少者，不在禁限。”

清代官民居室制度，大略亦沿前代。此外别定家庙之制。

《清史稿·礼志》：“凡品官家祭，庙立居室东。一至三品庙五楹，三为堂，左右各一墙限之。北为夹室，南为房庭，两庑，东藏衣物，西藏祭器，庭缭以垣。四至七品庙三楹，中为堂，左右夹室及房，有庑。八九品庙三楹，中广左右狭，庭无庑，箧藏衣物祭器，陈东西序。堂后四室，奉高曾祖祢，左昭右穆，妣以嫡配，南向。高祖以上亲尽则祧，由昭祧者藏主东夹室，由穆祧者藏主西夹室。迁室祔庙并依昭穆世次。东西序为祔位，伯叔祖父兄弟子姓成人无后者殇者，以版按行辈墨书，男东女西，东西向。定牲器之数，一至三品羊一豕一，每案俎二，铏登各二，笾豆各六。四至七品特豕，案一，俎笾豆各四。八品以下豚肩不特杀，案一，俎笾豆各二。岁祭以四时。庶士家祭，设龛寝堂北，以版隔为四室，奉高曾祖祢，妣配之，位如品官仪，南向。服亲成人无后者，顺行辈书纸为祔位，已事焚之，不立版。每四时节，日出主以荐，粢盛二盘，肉食果蔬四器，羹二，饭二。先期致斋荐之前夕，主妇在房治馔，逮明，主人吉服率子弟奉主陈香案，昭东穆西。”

二　历代车舆制度辑略

黄帝始作车，至夏禹始定尊卑之制。

《通鉴外纪》:“黄帝命邑夷法斗之周旋,魁方杓直,以携龙角,作大辂,以行四方,由是车制备,服牛乘马,引重致远,而天下利矣。”

《通典》:“陶唐氏制彤车,乘白马,则马驾之初也。有虞氏因彤车而制鸾车。夏后氏因鸾车而制钩车,俾车正奚仲建斿旐,尊卑上下,各有等级。殷因钩车而制大辂。”

周制王五路,自孤卿以逮庶人,其乘车各有差。

《周礼·春官》:“王之五路:玉路以祀,金路以宾同姓以封,象路以朝异姓以封,革路以即戎以封四卫,木路以田以封蕃国。王后之五路:重翟、厌翟、安车、翟车、辇车。王之丧车五乘:木车、素车、藻车、駹车、漆车。服车五乘,孤乘夏篆,卿乘夏缦,大夫乘墨车,士乘栈车,庶人乘役车。”郑锷曰:“贵者乘车,贱者徒行,古之制也。此言服车五乘,上不及三公,下乃及庶人,盖三公非不乘车,坐而论道,不可以服车。言孤卿大夫有爵,虽贵亦当作而行车,乃自孤卿所乘者言之。庶人则指府史胥徒在官者,非在官之庶人,亦徒行耳,胡为掌其车耶!五彩谓之夏,染人所染夏是也。孤之车毂画以五采而篆之。卿车虽五色,则缦而不篆;篆以见其文之著,缦以言其文不足也。孤尊矣,宜别异于卿,卿又宜异于大夫。大夫乘墨车则挽之，以皮而漆焉，又不及于夏缦之文。大夫又宜异于士，士乘栈车，则不革不漆，又不及于墨车之饰。士又宜异于庶人，故乘役车，为方箱以载任器，又不及于栈车之纯素。尊卑之分，上下之等，皆即乘车见之。"

秦时旧制多亡，帝乘金根车。

《通典》："秦平九国，荡灭典籍，旧制多亡。因金根车用金为饰，谓金根车，而为帝轸。玄旗皂斿，以从水德；复法水数，驾马以六；以诸侯所乘之车为副。"

汉制，贾人不得乘马车。其末，天子至士，以牛车为常乘。

《后汉书·舆服志》："景帝中元五年，始诏贾人不得乘马车。"《晋书·舆服志》："古之贵者不乘牛车。汉武帝推恩之末，诸侯寡弱贫者至乘牛车。其后稍见贵之，自灵献以来，天子至士，遂以为常乘。"

汉时君臣或乘辇车，使人挽之。

《宋书·礼志》："辇车，《周礼》王后五路之卑者也。后宫中从容所乘，非王车也。汉制乘舆御之，或使人挽，或驾果下马，汉成帝欲与班婕妤同辇是也。后汉阴就外戚，骄贵亦辇，井丹讥之曰：昔桀乘人车，岂此邪？然则辇夏后氏末代所造也。井丹讥阴就乘人，而不云僭上，岂贵臣亦得乘之乎？"

汉天子有安车，始可以坐乘。

《晋书·舆服志》："车坐乘者谓之安车，倚乘者谓之立车，亦谓之高车。按：《周礼》惟王后有安车也，王亦无之。自汉以来制乘舆乃有之，有青赤黄白黑合十乘，名为五时车，俗谓之五帝车。"

魏晋御小出常乘马，亦多乘舆车。舆车盖肩舆也。

《宋书·礼志》："辇车，《周礼》王后五路之卑者也，非王车也，汉制乘舆御之，未知何代去其轮。《傅玄子》曰夏曰余车。殷曰胡奴，周曰辎车，辎车即辇也。魏晋御小出常乘马，亦多乘舆车，舆车今之小舆。"《南齐书·舆服志》："《司马法》曰：夏后氏辇曰余车，殷曰胡奴车，周曰辎车，皆辇也。《汉书·叔孙通传》云：皇帝辇出房。成帝辇过后宫。此朝宴并用也。《舆服志》云：辇车乘人以行，信阳侯阴就见井丹，左右人进辇。是为臣下亦得乘之。江左唯御乘。”又：“舆车一曰小舆，小行幸乘之，形如轺车，人举之。”

齐梁以羊车为贵贱之乘，又名牵车。

《南齐书·舆服志》：“漆画牵车，御及皇太子所乘，即古之羊车也。晋泰始中，中护军羊琇乘羊车，为司隶校尉刘毅所奏。武帝诏曰：羊车虽无制，非素者所服，免官。《卫玠传》云：总角乘羊车，市人聚观。今不驾羊，犹呼牵此车者为羊车云。”《隋书·礼仪志》：“羊车一名辇，其上如轺，小儿衣青布袴褶，五辫髻，数人引之，时名羊车小史。汉氏或以人牵，或驾果下马。梁贵贱通得乘之，名曰牵子。”按：果下马指小马，能行于果树之下也。

梁时舆车甚多，除小舆外，又有肩舆、步舆、载舆等。

《隋书·礼仪志》：“梁天监二年令，州刺史并乘通幰平肩舆，从横施八横，亦得金渡装较。天子至于下贱通乘步舆，方四尺，上施隐膝以及襻举之，无禁限。载舆亦如之，但不施脚，以其就席便也。优礼者人舆以升殿，司徒谢朏以脚疾优之。”

隋时舆制如辇而小，用人荷之，与后世之轿正同。

《隋书·礼仪志》：“今辇制象轺车，而不施轮，通幰朱络，饰以金玉，用人荷之。舆，汉室制度以雕为之，方径六尺。今舆制如辇，而但小耳，宫苑宴私则御之。小舆幰方形，形同幄帐，自阁出升正殿则御之。”

自南朝以来，百官皆乘车，驾或以马以牛，各有等差。

《隋书·礼仪志》：“轺车，案《六韬》一名遥车，盖言遥远四顾之车也。《晋公卿礼秩》云：尚书令轺黑耳后户。今轺车青通幰，驾二马，王侯入学五品朝婚通给之。司隶刺史及县令诏使品第六七，则并驾一马。犊车，按：魏武书赠杨彪七香车二乘，用牛驾之，盖犊车也。今犊车通幰，自王公已下至五品已上并给乘之。三品已上青幰朱里，五品已上绀幰碧里皆白铜装，唯有惨及吊丧者则不张幰而乘铁装车，六品已下不给，任自乘犊车，弗许施幰。”按：幰即车帐也。

唐非大礼不乘车，余以骑代步，后且以骑为常制。

《新唐书·车服志》："王公车路藏于太仆，受制行册命巡陵昏葬则给之，余皆以骑代车。"《通典》："高祖太宗大礼则乘辂，高宗不喜乘辂，每有大礼则御辇，至武太后以为常。玄宗以辇不中礼，废而不用。开元十一年冬祀南郊，乘辂而往，礼毕骑还；自是行幸郊祀皆骑于仪仗之内，其五辂腰舆陈于卤簿而已。"

开成末，又定百官乘檐之制，檐亦舆之类也。

《新唐书·车服志》："文宗开成末，定制宰相三公师保尚书令仆射诸司长官及致仕官疾病，许乘檐，如汉魏载舆步舆之制。三品以上官及刺史有疾，暂乘不得舍驿。"

宋初亦以乘骑为主，惟老疾者得乘肩舆。

《宋史·舆服志》："肩舆，神宗优待宗室老疾不能骑者，出入听肩舆。熙宁五年，大宗正司请宗室以病肩舆者，踏引笼烛不得过两对。"

中兴以后，始诏许百官乘轿，一改前制。

《宋史·舆服志》："中兴后，人臣无乘车之制，从祀则以马，常朝则以轿。旧制舆檐有禁，中兴东征西伐，以道路阻险，诏许百官乘轿，王公以下通乘之。其制正方，饰有黄黑二等，凸盖无梁，以篾席为障，左右设牖，前施帘，舁以长竿二，名曰竹轿子，亦曰竹舆。"《文献通考》："高宗建炎初元，上以维扬道滑难于乘骑，乃谕辅臣曰：君臣一体，朕不欲使群臣奔走危地，特许乘轿，惟不以入皇城。"

宋时民用车舆，均可假赁，盖如现今有车行轿行也。

宋孟元老《东京梦华录》："士庶家与贵家婚嫁乘檐子，只无脊上，铜凤花朵，左右两军，自有假赁所在；以至从人衫帽衣服从物，俱可赁，不须借假。余命妇王官士庶通乘坐车子，如檐子样制，亦可容六人，前后有小勾栏，底下轴贯两挟朱轮，前出长辕约七八尺，独牛驾之，亦可假赁。"

其他载运之车，大小甚多，至今犹有用之者。

宋孟元老《东京梦华录》："东京般载车，大者曰太平，上有箱无盖。箱如勾栏而平板壁，前出两木，长二三尺许。驾车人在中间，两手扶捉，鞭绥驾之。前列骡或驴二十余，前后作两行，或牛五七头拽之。车两轮与箱齐，后有两斜木脚拖。夜中间悬一铁铃，行即有声，使远来者车相避。仍于车后系骡驴二头，遇下峻险桥路，以鞭虩之，使倒坐缍车，令缓行也。可载数十石。官中车惟用驴，差小耳。其次有平头车，亦如太平车而小，两轮前出长木作辕，木梢横一木，以独牛在辕内项负横木。人在一边，以手牵牛鼻绳驾之。酒正店多以此载酒梢桶矣。又有宅眷坐车子，与平头车大抵相似，但棚作盖，及前后有构栏门垂帘。又有独轮车，前后二人把驾，两旁两人扶拐，前有驴拽，谓之串车，以不用耳子转轮也。般载竹木瓦石，但无前辕，止一人或两人推之。此车往往卖糕及糕糜之类人用，不中载物也。平盘两轮，谓之浪子车，惟用人拽。又有载巨石大木，只有短梯盘而无轮，谓之痴车，皆省人力也。”

明时文官坐轿，武官骑马，但亦多有破格坐之者。

《明史·舆服志》：“百官乘车之制，洪武元年，令凡车不得雕饰龙凤，文职官一品至三品用间金饰银螭绣带青幔，四品五品素狮头绣带青幔，六品至九品用青云头青带青幔，轿同车制。庶民车及轿并用黑油齐头平顶皂缦，禁

居住交通

用云头。六年令凡车轿禁丹漆，五品以上车止用青缦，妇女许坐轿，官民老疾者亦得乘之。弘治七年，令文武官例应乘轿者，以四人舁之；其五府管事，内外镇守守备，及公侯伯都督等，不问老少，皆不得乘轿。盖自太祖不欲勋臣废骑射，虽上公出必乘马。万历三年，奏定勋戚及武臣不许用帷轿肩舆，并交床上马。至若破格殊典，则宣德中少保黄淮尝乘肩舆入禁中，嘉靖间严嵩奉诏苑直年及八旬出入得乘肩舆，武臣则郭勋朱希忠特命乘肩舆扈南巡跸后遂赐常乘焉，皆非制也。"

清制满洲官非大臣不得乘舆，汉官则多乘轿，惟武职亦然。民间不论。

《清史稿·舆服志》："满洲官惟亲王郡王大学士尚书乘舆，贝勒贝子公都统及二品文臣非年老者不得乘舆，其余文武均乘马。汉官三品以上京堂，舆顶用银，盖帏用皂，在京舆夫四人，出京八人。四品以下文职舆夫二人，舆顶用锡。直省督抚舆夫八人。司道以下教职以上舆夫四人。杂职乘马。钦差官三品以上舆夫八人。武职三品仍不得用，武职均乘马。将军提督总兵官年逾七十不能乘马者，奏闻请旨。庶民车，黑油齐头，平顶皂幔，轿同车制，其用云头者禁之。"

图书在版编目（CIP）数据

居住交通：小精装校订本 / 杨荫深编著. —上海：上海辞书出版社，2020
（事物掌故丛谈）
ISBN 978-7-5326-5601-1

Ⅰ.①居… Ⅱ.①杨… Ⅲ.①民居—古建筑—介绍—中国②交通运输史—介绍—中国—古代 Ⅳ.①TU241.5 ②F512.9

中国版本图书馆CIP数据核字（2020）第100363号

事物掌故丛谈

居住交通（小精装校订本）

杨荫深　编著

题　　签　邓　明　**篆　　刻**　潘方尔
绘　　画　赵澄襄　**英　　译**　秦　悦

策划统筹　朱志凌　**责任编辑**　朱志凌　**特约编辑**　徐　盼
整体设计　赵　瑾　**版式设计**　姜　明　**技术编辑**　楼微雯

出版发行　上海世纪出版集团
上海辞书出版社（www.cishu.com.cn）
地　　址　上海市陕西北路457号（邮编　200040）
印　　刷　上海雅昌艺术印刷有限公司
开　　本　889×1194毫米　1/32
印　　张　5.75
插　　页　4
字　　数　78 000
版　　次　2020年8月第1版　2020年8月第1次印刷
书　　号　ISBN 978-7-5326-5601-1/T・195
定　　价　49.80元

本书如有质量问题，请与承印厂联系。电话：021-68798999